Andreas Jaun, Sabine Joss

Im Wald

Haupt

Andreas Jaun, Sabine Joss

Im Wald

Natur erleben – beobachten – verstehen

2., korrigierte und ergänzte Auflage

www.naturerleben.net

Haupt
NATUR

Andreas Jaun ist Biologe mit einem eigenen Büro in Spiez/Schweiz. Neben verschiedenen Projekten in den Bereichen Naturschutz, Artenförderung und Landschaftsplanung ist er auch in der Umweltbildung tätig.
Sabine Joss ist selbstständige Biologin und Journalistin. Sie arbeitet bei verschiedenen Forschungsprojekten und publiziert Beiträge zu Naturthemen in Büchern sowie in Wander- und Reisemagazinen.

MIX
Papier aus verantwortungsvollen Quellen
FSC® C013736
FSC
www.fsc.org

2. Auflage 2014
1. Auflage 2011

Bibliografische Information der *Deutschen Nationalbibliothek:*
Die Deutsche Nationalbibliothek verzeichnet diese Publikation in der Deutschen Nationalbibliografie; detaillierte bibliografische Daten sind im Internet über http://dnb.dnb.de abrufbar.

ISBN 978-3-258-07900-4

Gestaltung und Satz: pooldesign.ch

Printed in Germany

www.naturerleben.net in Partnerschaft mit www.naturgucker.net
www.haupt.ch

Inhaltsverzeichnis

Vorwort

Den Waldspaziergang stellen sich die meisten von uns lauschig und erholsam vor – zumindest bei gutem Wetter und tagsüber. In der Nacht würden wir uns vielleicht schon etwas gruseln, und bei Regenwetter strolchen nur noch hartgesottene Waldfans und Hundemenschen herum. Was wissen wir aber über den Wald, einen der vielfältigsten Lebensräume Mitteleuropas? Laubschicht, Totholz, Büsche, Stämme, Äste und Baumkronen bieten vielen Pflanzen- und Tierarten eine ökologische Nische. Auf kleinem Raum existiert ein unheimlich dichtes Netzwerk an Wechselbeziehungen: die Spinne mit dem Käfer mit dem Pilz mit dem Baum mit dem Vogel mit der Blütenpflanze. Wälder bieten sich für Naturbeobachtungen deshalb geradezu an.

Runter vom Sessel, hinein in die Natur! Erleben Sie die unbekannte Natur vor der Haustür, spüren Sie den Zusammenhängen nach und entdecken Sie, wie raffiniert sich die Natur auch auf kleinem Raum eingerichtet hat. Dafür werden keine besonderen biologischen Kenntnisse vorausgesetzt – was Sie für Ihre Erkundungen benötigen, wird durch das vorliegende Buch (und dessen Folgebände) vermittelt. Besonders hilfreich sind dabei die Beobachtungstipps, die Sie stets am Ende der einzelnen Kapitel finden.

Und weil die Natur nichts Statisches ist, sondern das Resultat von Vernetzungen und gegenseitigen Abhängigkeiten und weil das Erkunden ja auch Spaß machen soll, finden Sie überall Verweise auf andere und verwandte Themen im Buch sowie auf Geräusche, Filme und zusätzliche Bilder auf der Website **www.naturerleben.net**. Beispielsweise sind Zilpzalp und Fitis am einfachsten anhand ihres Gesangs zu unterscheiden. Hören Sie deren Stimmen auf der Website. Und wenn Sie in der Ferne ein Reh beobachten konnten, so werfen Sie doch auch einen Blick auf den Film zu seiner Kinderstube. Wenn Sie eigene Beobachtungen oder Fotos mit anderen teilen möchten, können Sie dies dank unserer Partnerschaft mit **www.naturgucker.net** auch ganz einfach über unsere Website tun.

Filme

Tonspur

Fotos

Ab all dem Kreuz und Quer und Hin und Her zwischen Buchkapiteln und Website soll auch etwas hängen bleiben – mit den Quizfragen können Sie locker prüfen, wie viele Geheimnisse Sie nun schon gelüftet haben.

Viel Spaß beim Beobachten, Entdecken und Erleben der Natur wünschen der Autor, die Autorin und Ihr Haupt Verlag!

Vorbereitung für den Waldausflug

Zum Umgang mit den Bewohnern des Waldes

Behandeln Sie die Tiere und Pflanzen des Waldes mit Respekt. Viele Arten sind an ihren lokalen Lebensraum gebunden und finden den Weg nicht zurück, wenn sie daraus entfernt werden. Reißen Sie keine Pflanzen aus und verletzen Sie keine Bäume.

Abfälle

Hinterlassen Sie keine Abfälle. Und warum nicht auch einmal störenden Abfall von anderen mitnehmen? In einen zusätzlichen Plastiksack verpackt, machen Abfälle die Tasche nicht schmutzig.

Hunde

Wenn Wildtiere in der Nähe sind, ist es wichtig, dass Sie Ihren Hund an die Leine nehmen: Von wildernden Hunden werden jährlich Tausende von Wildtieren verletzt, und viele gehen dadurch qualvoll zugrunde. Bitte beachten Sie, dass in zahlreichen Naturschutzgebieten strikter Leinenzwang gilt. Im Winter sollten Hunde grundsätzlich immer an der Leine sein, um den Waldbewohnern in dieser harten Zeit zusätzlichen Stress zu ersparen.

Feuer

Vermeiden Sie es, Feuer außerhalb der vorhandenen Feuerstellen zu entfachen: Das Feuer verbrennt die oberste Bodenschicht und Pflanzenwurzeln und schädigt damit Flora und Fauna. Achten Sie immer auch auf die behördlichen Hinweise zur Waldbrandgefahr. Bei trockenem, windigem Wetter sollte im Wald grundsätzlich kein Feuer entfacht werden.

Ausrüstungsliste

Natürlich sind Beobachtungen auch ohne Spezialausrüstung möglich, doch mit ein paar Hilfsmitteln machen sie mehr Spaß. Nützlich sind:

- Notizbuch und Schreibzeug
- Lupe
- Fernglas
- Kamera
- Pflanzen- und Tierbestimmungsbücher
- Taschenmesser
- Apotheke mit Desinfektions- und Insektenschutzmittel
- Sonnenschutz (Hut, Brille, Crème)
- Zwischenverpflegung

Die Homepage und App zur Buchreihe

Die Bücher der Reihe «Natur erleben – beobachten – verstehen» sind interaktiv. In jedem Kapitel erhalten Sie in der Randspalte Hinweise auf weiterführende Informationen, die Sie auf der Website **www.naturerleben.net** unkompliziert und kostenfrei abrufen können. Neben zahlreichen Fotos finden Sie insgesamt über 350 Film- und Tondokumente zu den vorgestellten Tieren und Pflanzen. Die Unterteilung in Jahreszeiten entspricht den Kapiteln in den Büchern und erleichtert so die Orientierung. Damit Sie auch unterwegs bequem auf die Inhalte zugreifen können, wird die Website

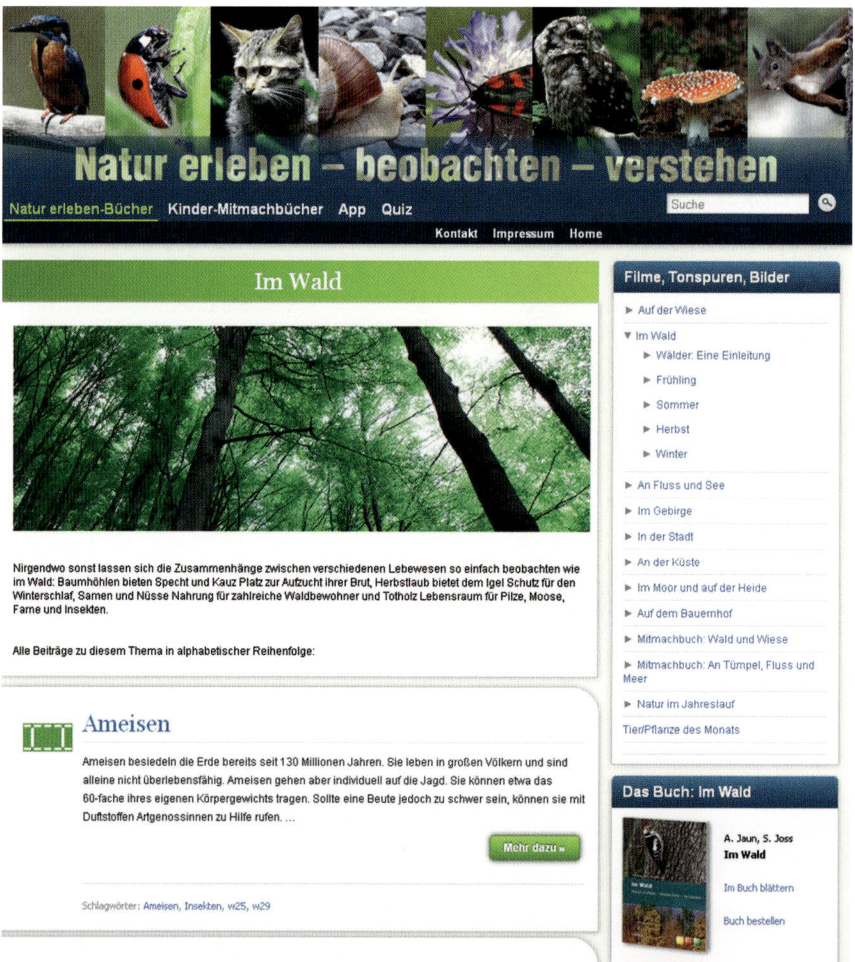

durch eine Smartphone-App ergänzt: Sie erlaubt es Ihnen, die Tiere und Pflanzen in den verschiedenen Lebensräume zu bestimmen ohne viel Gepäck mitschleppen zu müssen. Dank entsprechenden Funktionen können Sie Ihre Fotos und Notizen gleich speichern und ordnen. Des Weiteren erlaubt Ihnen die App Ihre Naturbeobachtungen mit anderen zu teilen, indem Sie sie direkt an die Online-Plattform www.naturgucker.net weiterleiten. Schließlich verfügt die App auch über ein paar Quiz, mit denen Sie Ihr Wissen spielerisch auf dessen Feldtauglichkeit prüfen können.

Die App ist kompatibel mit Android und iOS.

Erhältlich im App Store

ANDROID APP BEI Google play

Wälder

Eine Einleitung

Endlose Wälder – der ursprüngliche Zustand Mitteleuropas?

Als die letzte Eiszeit vor knapp 12000 Jahren zu Ende ging, wurde in Mitteleuropa die Tundravegetation durch zahlreiche Baumarten verdrängt. Je nach Klima, Exposition, Untergrund und Höhenlage erfolgte die Wiederbewaldung unterschiedlich schnell. Mit der Zeit veränderte sich auch die Artzusammensetzung der einwandernden Bäume. Die Ablösung der Tundravegetation durch dichte Wälder hatte natürlich auch große Auswirkungen auf die Zusammensetzung der europäischen Fauna: Die Arten der Tundra zogen sich nach Norden oder in die Gebirge zurück, während in großen Teilen Mitteleuropas die Zeit der **Waldbewohner** begann.

←
←
Hirsch

147←
«Die großen Pflanzenfresser»

Natürlich hat es aber auch immer Stellen gegeben, die zu feucht, zu trocken oder zu kalt für die Entstehung eines Waldes blieben. An diesen Standorten konnten sich auch nach dem Ende der Eiszeit waldfreie Flächen halten. Naturereignisse wie Brände, Hochwasser, Lawinen und Murgänge, aber auch große Pflanzenfresser schufen und erhielten immer wieder **Lichtungen** und **offene Landschaften**.

27←
«Grenzen für den Wald»

Mit der Ausbreitung und Sesshaftwerdung des Menschen wurde auch die Brandrodung des Waldes eingeführt. Die dadurch gewonnenen Flächen wurden für den Ackerbau genutzt. Da die Menschen zunächst noch nichts über Düngung wussten,

Wisent *(Bison bonasus)* auf einer Waldlichtung

nahm die Ertragskraft der brandgerodeten **Böden** schnell ab. In der Folge mussten sie nach kurzer Zeit aufgegeben und andernorts Wald gerodet werden. Siedlungen und Ackerflächen waren zu dieser Zeit entsprechend noch nicht ortsfest. Als später die Haltung von Weidetieren Verbreitung fand, verwaldeten die aufgegebenen Ackerflächen nicht mehr so schnell, sondern konnten leichter freigehalten und nach einiger Zeit wieder für landwirtschaftliche Zwecke genutzt werden. Weil der Ackerbau dadurch ertragreicher wurde, stieg auch die Bevölkerungszahl kontinuierlich an. Dies wiederum führte zur Zunahme von Rodungen für die Acker- und Weidelandgewinnung. Je größer die Bevölkerungszahlen über die Jahrtausende wurde, desto höher wurde auch der Bedarf nach Bau- und Brennholz. In der Folge kam es vielerorts zu eigentlichem Raubbau, was anschließend großflächige Aufforstungen nötig machte und zu ersten forstwirtschaftlichen Reglementierungen führte. Erstmals machte da auch der Begriff der nachhaltigen Nutzung von Ressourcen die Runde. Die heutigen Wälder Mitteleuropas sind meist stark durch die menschliche Nutzung geprägt, sodass kaum noch unbeeinflusste Urwälder zu finden sind.

→20 «Der Waldboden»

Frage

› Was würde mit den Wäldern geschehen, wenn sie von den Menschen nicht mehr bewirtschaftet würden?

→184 Antwort

Mitteleuropäischer Urwald

Lebensraum Wald

«Wald» ist eigentlich ein Sammelbegriff für sehr unterschiedliche Lebensräume. Was ihnen allen aber gemeinsam ist, ist der mehr oder weniger dichte Baumbestand. Je nach Standort, Arten- und Alterszusammensetzung weisen Wälder ganz unterschiedliche Strukturen auf. Durch ihre ausgeprägte vertikale Struktur sind auch die klimatischen Bedingungen innerhalb eines Waldes sehr unterschiedlich. Schließlich ist auch die **Sonneneinstrahlung** nicht in allen Wäldern gleich: Sie variiert in Abhängigkeit von der Dichte der Baumkronen und den vorherrschenden Baumarten. Wälder lassen sich grob in die folgenden «Stockwerke» unterteilen:

52← «Licht und Schatten»

Wurzelschicht: Dabei handelt es sich um das unterirdische Stockwerk des Waldes. Abgesehen von bestimmten Moosen, Flechten und Misteln wurzelt hier die gesamte Waldflora. In den obersten Zentimetern der Wurzelschicht leben unzählige, meist sehr kleine Bodenorganismen. Diese ernähren sich von abgestorbenen und teilweise bereits abgebauten Pflanzenteilen und Tierkörpern und stellen ihre Abfallprodukte wiederum den Pflanzen als Nährstoffe zur Verfügung. In den vielen Hohlräumen der Wurzelschicht befindet sich Bodenluft und Wasser. Zusammen mit den Nährstoffen sind sie für das Gedeihen der Waldflora ausgesprochen wichtig.

Wurzelschicht

Streuschicht: Blätter, Nadeln, abgestorbene Pflanzenteile und tote Tiere sammeln sich zunächst in der Streuschicht. Sie werden durch verschiedene Tiere, Pilze und Mikroorganismen laufend abgebaut und zur Wiederverwertung an die Wurzelschicht transportiert. Die Geschwindigkeit dieser Prozesse variiert in Abhängigkeit von Standort, Größe und Zusammensetzung der **abzubauenden Objekte**. In der Streuschicht leben auch verschiedene Moose und Flechten.

→124 «Wegwerfprodukte der Natur»

Krautschicht: Diese Schicht umfasst vor allem die nicht verholzenden Pflanzen bis ca. 1,5 m über dem Boden (wobei aber auch die jungen Bäume noch dazu gezählt werden). In der Krautschicht spielen Licht und Schatten eine besonders zentrale Rolle: Sie bestimmen, welche Pflanzen wo, wann und in welchem Ausmaß wachsen können.

Strauchschicht: Mit «Strauchschicht» meint man den Bereich über der Krautschicht bis ca. 5 m über dem Boden. Sie besteht vor allem aus niedrig wachsenden Sträuchern und den jungen nachwachsenden Bäumen.

Baumschicht: Dieser Bereich weist die größte vertikale Ausdehnung auf: Er umfasst den ganzen Bestand älterer Bäume von der Strauchschicht aufwärts bis ins Kronendach. Letzteres ist für das ganze Ökosystem Wald von besonderer Bedeutung: Je nach Waldtyp und Jahreszeit lässt das Kornendach mehr oder weniger Sonnenlicht auf die unteren «Waldstockwerke» fallen und bestimmt damit die Vegetation des gesamten Waldes entscheidend mit.

Streuschicht

Krautschicht mit Türkenbund
(*Lilium martagon*)

Fragen

- Gibt es Unterschiede in der Abbaugeschwindigkeit von Eschenlaub und Buchenlaub?
- Was muss mit den abgestorbenen Pflanzenteilen und toten Tieren geschehen, damit sie wieder als Pflanzennährstoffe dienen können?

→184
Antworten

Oben: Strauchschicht
Unten: Baumschicht

Der Waldboden

Bereits ein flüchtiger Blick zwischen Ihre Füße lässt Sie erahnen, dass der Waldboden ein sehr lebendiger, vielseitiger Lebensraum ist. Auf seiner Oberfläche sammeln sich im Herbst das **Laub** und die Nadeln, aber auch abgestorbene Pflanzenteile und tote Tiere. Gleich unter dieser sogenannten *Streuschicht* liegt der stark belebte und fruchtbare *Oberboden*. Meistens ist diese humusreiche Schicht höchstens 20–30 cm dick, Sie wird darunter vom *Unterboden* abgelöst. Dieser Bereich des Waldbodens besteht aus verwitterten Mineralien und aus den von oben eingeschwemmten und durch Bodenorganismen eingebrachten organischen Bestandteilen. Im Gegensatz zum Oberboden ist der Unterboden weniger belebt und durchwurzelt. Bohrt man noch weiter nach unten, so stößt man schließlich auf das unverwitterte Ausgangsmaterial, auf Fels oder Lockergestein. In diesem sogenannten *Untergrund* lassen sich praktisch keine Bodenorganismen oder Pflanzenwurzeln mehr finden.

136← «Verfärbung und Blattfall»

Der Waldboden bietet unzähligen Tieren Lebensraum. Neben relativ großen Arten wie **Regenwürmern**, Asseln, Spinnentieren und Käfer(larven) sind da auch von bloßem Auge kaum oder nicht erkennbare Milben, **Springschwänze** und Fadenwürmer zu nennen. Den größten Anteil haben aber Bakterien, Pilze und Algen. Mit Ausnahme der Regenwürmer sind die größeren Tiere vor allem in der Streuschicht und den obersten Zentimetern des Oberbodens zu finden, während sich die Kleinstlebewesen auch im Unterboden aufhalten. Viele Bodentiere fressen abgestorbene Pflanzenteile oder ernähren sich von den Ausscheidungen und Überresten anderer Tiere und Pflanzen.

→ Regenwurm

→171 «Ein Heer von Winzlingen auf Wanderschaft»

Bodenlebewesen: Assel (*Isopoda* sp.) (oben) und Laufkäfer (*Carabidae* sp.) (unten)

Beobachtungstipps

- Legen Sie eine Handvoll Waldboden-Streumaterial auf ein weißes Papier und beobachten Sie, was da alles so herumkrabbelt: Die Artenvielfalt und die geringe Größe der Bodentiere ist verblüffend! Ebenso erstaunlich ist aber, dass die Tiere in ständiger Bewegung bleiben: Sie versuchen so, auf dem schnellsten Weg wieder in den schützen Boden zu gelangen, wo sie vor Fressfeinden, dem (ungewohnten) Licht und der Austrockungsgefahr geschützt sind.
- Vergleichen Sie die Zusammensetzung und Anzahl Bodenlebewesen in der Streuschicht eines Laubwaldes und eines Nadelwaldes. Welche abgestorbenen Pflanzenteile erkennen Sie? Können Sie diese Teile den Pflanzen in der Umgebung zuordnen? Wie stark sind sie bereits zersetzt?

Fragen

- In welchen Bodenschichten finden Sie die meisten Bodenlebewesen?
- Was ist der Unterschied zwischen dem Unterboden und dem Untergrund?

184← Antworten

Höhenstufen

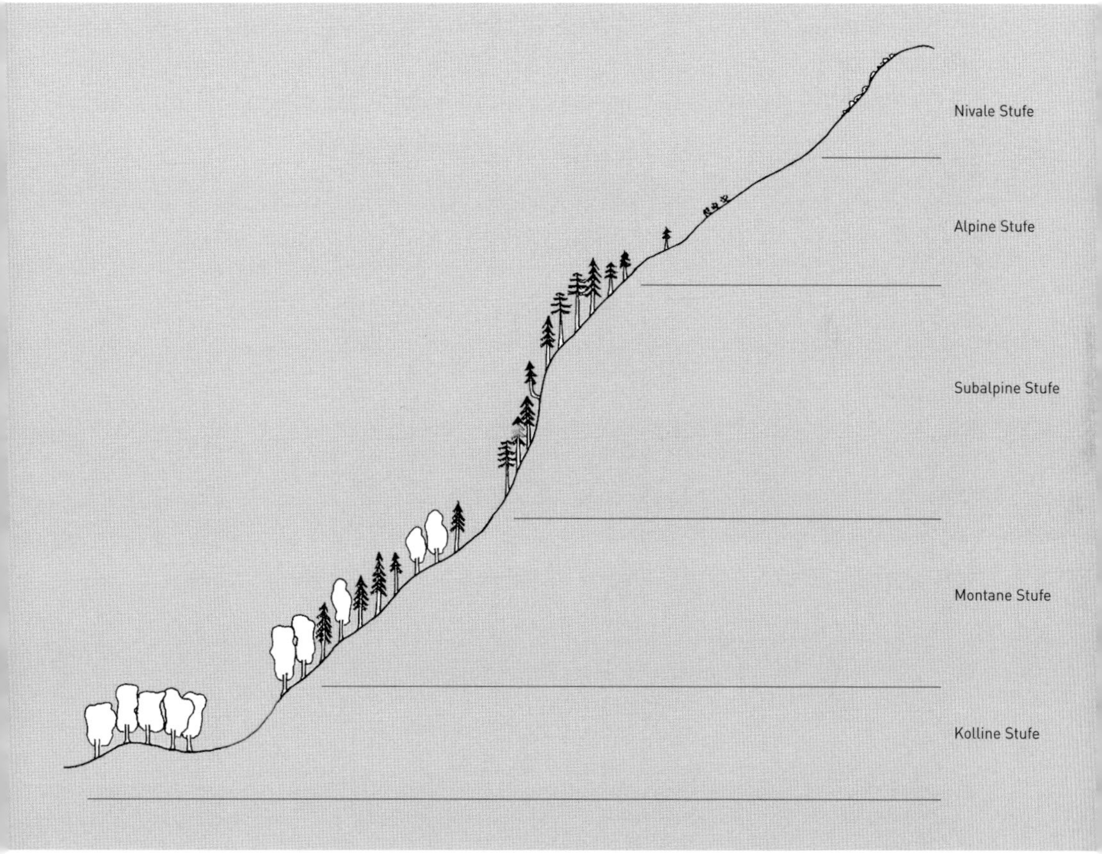

Bei einer Reise vom Flachland in die Berge sind die Veränderungen in der Vegetation deutlich zu erkennen: Buchenwälder werden von Nadelwäldern abgelöst, Äcker und Felder von Wiesen und Weiden. Die verschiedenen Höhenstufen bilden dabei keine starren Grenzen, sondern gehen fließend ineinander über. Am deutlichsten sichtbar ist die Waldgrenze, die den Übergang von waldfähigen Standorten zu den alpinen Rasen anzeigt. Man unterscheidet allgemein die folgenden Höhenstufen:

Höhenstufen

	Kolline Stufe (Hügelstufe)
	Bis zur oberen Verbreitungsgrenze der Eiche (bis ca. 800 m ü. M.).
Vegetation	Sommergrüne, wärmeliebende Laubwälder mit Eiche, Linde, Nussbaum, und Hagebuche.
Nutzung	Vor allem Wein- und Ackerbau.
	Montane Stufe (Mischwald-Stufe)
	Bis zur oberen Verbreitungsgrenze der Buche (bis ca. 1000 m ü. M.)
Vegetation	Laubmischwälder mit Buchen, Weißtannen und Bergahorn.
Nutzung	Ackerbau; als Wiesen und Weiden.
	Subalpine Stufe (Bergwald-Stufe)
	Bis zur Waldgrenze (ca. 1900–2400 m ü. M.).
Vegetation	Nadelwälder mit Fichte, Föhre, Lärche und Arve. Die Vegetationszeit dauert länger als 100 Tage.
Nutzung	Als Weiden und Wiesen.
	Alpine Stufe (Rasenstufe)
	Bis ca. 2900 m ü. M.
Vegetation	Rasen, Schutt- und Felsvegetation und in Gunstlagen Zwergsträucher. Die Vegetationszeit dauert im Minimum 60–80 Tage.
Nutzung	Im Sommer Alpbetrieb.
	Nivale Stufe (Schneestufe)
	Ab ca. 2900 m ü. M.
Vegetation	In dieser Höhe kommen Blütenpflanzen nur noch an mikroklimatischen Gunstlagen (z. B. südexponierten oder rasch ausapernden Stellen) vor. Die Vegetation ist von Moosen, Algen und Flechten geprägt.
Nutzung	Keine Nutzung.

Oben: Ein Fichtenwald geht im Bereich der Waldgrenze in den helleren Lärchenwald über.

Unten: Die Waldgrenze ist keine starre Linie.

Wald- und Baumgrenze

Im Gebirge können Sie sich am oberen Rand eines geschlossenen Waldes eine Linie vorstellen. Das ist die **Waldgrenze**. Oberhalb dieser Linie wachsen nur noch einzelne Baumgruppen und Einzelbäume. Die Verbindungslinie der höchstgelegenen Bäume bildet die **Baumgrenze**.
Es sind nicht Extremtemperaturen im Winter, sondern zu tiefe Temperaturen im Sommer, die das Wachstum der Bäume von einer bestimmten Meereshöhe an verunmöglichen. Die Waldgrenze wird in den Nordalpen auf etwa 1900 m ü. M. von Fichtenwald gebildet. Weil in den Süd- und Zentralalpen die Sommer wärmer und stärker besonnt sind, verläuft die Waldgrenze des Lärchen-Arvenwald auf etwa 2400 Metern.

Lärchen nahe der Baumgrenze

Grenzen für den Wald

Der Wald stößt nicht nur in der Höhe an seine Grenzen. Auch ungünstige **Standorte** →16 «Lebensraum Wald» können das Wachstum von Bäumen behindern oder verunmöglichen. Dauerhaft nasse Böden führen beispielsweise zu Sauerstoffmangel und lassen die Bäume im Extremfall ersticken. Bei Mooren kann man daher gut beobachten, wie der Wald mit zunehmender Feuchtigkeit des Bodens stets lichter und die Bäume immer kleiner werden, bis sie schließlich ab einem bestimmten Nässegrad gar nicht mehr vorkommen.

Auch felsige, flachgründige Standorte mit wenig Feinerde sind für Bäume ungeeignet. Solche Böden können Wasser nur schlecht speichern, sodass die Bäume in Trockenzeiten keine Reserven haben und verdursten.

Der Bergsommer ist im Verhältnis zum Sommer in tiefen Lagen kurz und kühl. Entsprechend steht den Pflanzen in hohen Lagen auch nur eine kurze Zeitspanne für das Wachstum zur Verfügung. Aus diesem Grunde können jene Pflanzen, die eine relativ lange Vegetationszeit benötigen, ab einer bestimmten Meereshöhe nicht mehr angetroffen werden. Das ist zum Beispiel bei den **Laubbäumen** der Fall, die über → Esche, Eiche 1000 m ü. M. kaum je geschlossene Wälder bilden. Da sie ihre Blätter jährlich erneuern, brauchen sie viel Energie, die sie in den kurzen Vegetationszeiten der subalpinen und alpinen Höhenstufe nicht mehr produzieren können. Nadelbäume hingegen können auch Lebensräume über 1000 m ü. M. besiedeln, da sie ihre Nadeln während mehrerer Jahre behalten und entsprechend weniger Energie benötigen.

Allerdings stossen auch **Nadelbäume** irgendwann an ihre Grenzen: Wird die → Fichte Vegetationszeit zu kurz, so können die Bäume nicht mehr genügend Energie zur Ausbildung der Nadeln produzieren. In der Folge sind sie unzureichend gegen Verdunstung geschützt. Das führt vor allem in Winter zu Problemen, weil das verdunstete Wasser aufgrund der gefrorenen Böden nicht durch das Wurzelwerk der Bäume wieder ersetzt werden kann. Die Bäume trocknen daher zusehends aus. Schließlich kommt es zu sogenannten Frosttrocknisschäden, bei denen einzelne Triebe oder ganze Bäume verdorren. Entgegen der Intuition ist es also nicht so, dass die Bäume im rauen Bergklima erfrieren. Die Todesursache der Bäume ist der Wassermangel.

Der Boden um diesen Moorsee ist für
die Bäume zu nass zum Wachsen.

Beobachtungstipp

Wenn Sie die Gelegenheit haben, in der Nähe der Wald- oder Baumgrenze zu wandern, so halten Sie nach abgesägten Baumstämmen Ausschau. Sie werden überrascht sein, wie eng bei ihnen die Jahrringe liegen: Entgegen ihrem kleinen Wuchs und den dünnen Stämmen sind die Bäume also ziemlich alt! Grund dafür ist, dass im Bereich der Waldgrenze die Bäume harschen klimatischen Bedingungen ausgesetzt sind, daher niedrig bleiben und wesentlich jünger wirken, als sie tatsächlich sind. Wenige Meter hohe Fichten an der Waldgrenze können durchaus 200 Jahre alt sein.

Fragen

- Warum ist die Waldgrenze auf der Sonnenseite im Allgemeinen höher als auf der Schattenseite eines Tals?
- Welchen Vorteil hat die Lärche gegenüber Fichte und Arve?

184← Antworten

In diesem Blockschuttfeld hat es zu wenig Humus für Baumwurzeln. Deshalb wächst hier kein Wald.

Über 100 Waldgesellschaften in Mitteleuropa

Beim Spazieren und Wandern kommt man immer wieder an Pflanzengesellschaften mit bestimmten Artenkombinationen vorbei. Das liegt daran, dass Pflanzenarten, die dieselben **Bodenverhältnisse**, Geländebeschaffenheiten oder Nährstoffangebote bevorzugen, sich gerne an denselben Orten wiederfinden lassen. Die Wissenschaft hat versucht, solche Gesellschaften zu identifizieren und zu beschreiben, und dabei über 100 mitteleuropäische Waldgesellschaften beschrieben. Ein Beispiel dafür ist die Waldmeister-Buchen-Waldgesellschaft, die einen Buchenwald mit vielen Buschwindröschen *(Anemone nemorosa)* und Waldmeister *(Gallium odoratum)* unter 800 m ü. M. auf nicht zu sauren und nicht zu basischen Böden meint. Solche Pflanzengesellschaften bezeichnen jedoch stets Idealformen, die in der Natur selten in Reinform anzutreffen sind. Manchmal ist es auch für Fachleute nicht möglich, Pflanzenbestände in der Natur eindeutig einer bestimmten Pflanzengesellschaft zuzuordnen.

→20 «Der Waldboden»

Waldmeister *(Galium odoratum)* wächst in Waldmeister-Buchen-Wald oft flächendeckend.

Typisch im Heidelbeer-Fichten-Wald sind die Heidelbeersträucher *(Vaccinium myrtillus)*.

Wenn man eine bestimmte Pflanzengesellschaft kennt, kann man auf die Umweltbedingungen schließen, unter denen die vorkommenden Arten wachsen. Dies gibt Förstern zum Beispiel Hinweise darauf, wie sie einen Wald optimal bewirtschaften können, welche Bäume sinnvollerweise an welchen Standorten wieder angepflanzt werden etc.

Auch wenn man die Namen einzelner Pflanzenarten nicht kennt, kann man mithilfe ihres Aussehens auf bestimmte Eigenschaften an einem Standort schließen:

- Saftige, großblättrige Pflanzen deuten auf nährstoffreichen Boden mit guter Wasserversorgung hin.
- Kleine, ledrige, oft auch behaarte Blätter deuten auf trockenen Boden hin.
- Zwergsträucher wie Heidelbeeren *(Vaccinium myrtillus)*, Preiselbeeren *(Vaccinium vitis-idaea)* deuten auf sauren Boden hin.

Nur an Standorten mit gutem Wasserangebot können sich Pflanzen so große Blätter leisten wie die Rote Pestwurz *(Petasites hybridus)*.

Oben: Rippenfarne *(Blechnum spicant)* zeigen sauren Boden an.

Unten: Trockenzeiger haben oft ledrige Blätter, so z.B. diese Immergrüne Bärentraube *(Arctostaphylos uva-ursi)*.

Frühling

1
2
8
7
4
3
5
6

Einleitung Frühling

Während die letzten Schneereste schmelzen und die Tage wieder länger werden, wecken die steigenden Temperaturen Tiere und Pflanzen aus ihrer Winterruhe. Noch gelangt das Sonnenlicht in den Laubwäldern ungehindert auf den Boden und lässt die typischen Frühlingspflanzen wachsen und blühen. Das harte Leben für die winteraktiven Tiere ist vorbei.

Der Frühling ist eine günstige Zeit, um die Waldbewohner zu beobachten. Besonders am Morgen sind überall singende Vogelmännchen zu hören: Sie versuchen, eine Partnerin zu finden, oder verteidigen ihren Nistplatz für die Aufzucht der Nachkommen.

Vögel des Waldes

Die ersten Vögel beginnen bereits vor der Dämmerung zu singen. Zunächst hört man nur einzelne Vögel, nach und nach kommen aber immer mehr Stimmen dazu. Schließlich ist es kaum mehr möglich, die einzelnen Gesänge und die verschiedenen Arten voneinander zu unterscheiden. In Mitteleuropa lassen sich wohl nirgends so viele Vogelarten hören und beobachten wie in strukturreichen und naturnah bewirtschafteten Wäldern. Einige davon leben vorwiegend am Boden, andere bevorzugen eher die Strauchschicht, wieder andere die Baumkronen oder den Waldrand.

Zu den Bewohnern des Waldbodens gehört die sehr heimlich lebende Waldschnepfe *(Scolapax rusticola)*. Dieser Vogel sucht in störungsarmen, eher feuchten Wäldern mit seinem langen Schnabel nach Würmern. Auch sein Nest legt er am Boden an. Trotzdem sieht man die Waldschnepfe nur selten am Boden – sie ist zu gut getarnt. Beobachten kann man sie allerdings zur Balzzeit ab März, wenn die Männchen regelmäßig während der Dämmerung am Morgen und Abend über ihren Lebensraum fliegen und dabei ihre charakteristischen Laute hören lassen.

Zilpzalp und Fitis

Fitis

Zu den Bewohnern der Strauchschicht und des Waldrandes gehören **Zilpzalp** *(Phylloscopus collbyta)* und **Fitis** *(Phylloscopus trochilus)*. Äußerlich sind sich die beiden Arten sehr ähnlich. Ein gutes Unterscheidungsmerkmal ist jedoch ihr Gesang (vgl. Tonspur auf **www.naturerleben.net**). Beide Arten bauen ein kugeliges Nest mit ovalem Eingang. Dieses liegt meistens in der Krautschicht oder gut versteckt in einem Dickicht.

Waldschnepfe *(Scolapax rusticola)*

Zu den Bewohnern der höheren Waldschichten gehören Sommer- und **Wintergoldhähnchen**. Dass sie sich irgendwo in der Umgebung aufhalten, merkt man meist an ihrem sehr hohen Gesang. Zu Gesicht bekommt man die beiden Arten hingegen selten. Grund hierfür ist, dass sie beide meistens hoch oben in den Ästen von Nadelbäumen leben und sehr klein sind: Das **Wintergoldhähnchen** *(Regulus regulus)* gilt sogar als kleinste Vogelart Europas; es wird maximal 8 Gramm schwer! Sollten Sie trotzdem das Glück haben, eine dieser Vogelarten zu beobachten, so können Sie sie dank ihrer unterschiedlichen Kopfmusterzeichnung voneinander unterscheiden. Häufig sind in unseren Wäldern auch Buchfink, verschiedene Meisen- und Drosselarten, **Kleiber**, **Zaunkönig** und Ringeltaube anzutreffen. Andere Arten wie **Kuckuck**, Sperber und Habicht sieht man deutlich seltener. Nicht zu vergessen sind auch die **Spechte** und die **Eulen**. Die Vielfalt der Vogelstimmen ergeben besonders im Frühling ein faszinierendes Konzert.

→180
«Wintergoldhähnchen»

→ →
Wintergoldhähnchen und Sommergoldhähnchen

→ →
Kleiber, Zaunkönig, Kuckuck

→46, 114
«Spechte»; «Eulen»

Fitis *(Phylloscopus trochilus)*

Wintergoldhähnchen, Weibchen mit gelbem Scheitelstreif (Männchen haben einen gelborangen Scheitelstreif)

Sommergoldhähnchen mit schwarzem Augenstreif («Sonnenbrille»). Männchen mit gelborangen Scheitelstreif. Beim Weibchen ist der Scheitelstreif gelb.

Buchfink *(Fringilla coelebs)*

Hört man singenden **Rotkehlchen** *(Erithacus rubecula)* oder Amseln *(Turdus merula)* zu, entsteht leicht der Eindruck, dass sie aus Freude am Leben singen. Bei den Sängern handelt es sich jedoch meist nur um Vogelmännchen. Die Weibchen hört man bei den wenigsten Arten singen, sie äußern sich nur mit Rufen – mehr ist auch nicht nötig. Vogelmännchen singen vor allem im Zusammenhang mit der Fortpflanzung. Mit ihren Gesängen markieren und verteidigen sie akustisch ihr Revier oder locken Weibchen an. Weil die Männchen auch nach der Paarung noch weitersingen, vermutet man, dass der Gesang auch den Zusammenhalt der Vogelpartner fördert.

Rotkehlchen

Mit ihren Rufen können Vögel warnen, Angst ausdrücken, locken oder drohen. Warnrufe werden, ähnlich wie die internationalen Notrufe des Menschen, von verschiedenen Vogelarten verstanden. Wenn ein **Eichelhäher** *(Garrulus glandarius)* warnt, werden zum Beispiel auch Meisen oder Rotkehlchen auf eine mögliche Gefahr aufmerksam.

Eichelhäher

Nicht nur beim Menschen, sondern auch bei Vögeln gibt es lokale Gesangs- und Rufdialekte. Ein **Buchfink** *(Fringilla coelebs)* aus einem Wald in der Umgebung von Berlin singt beispielsweise etwas anders als einer in Wien oder in Bern. Die Grundmelodie ist zwar überall gleich, wird aber unterschiedlich schnell oder ausgeschmückt wiedergegeben.

Buchfink

Zaunkönig *(Troglodytes troglodytes)*

Auerhuhn

Auerhuhn

Auch das **Auerhuhn** *(Tetrao urogallus)* lebt vorwiegend am Boden. Es bewohnt lichte, ungestörte, nadelbaumreiche Wälder mit strukturreicher Bodenvegetation. Diese findet es vor allem im Mittelgebirge und in den Alpen. Es ist in Mitteleuropa inzwischen sehr selten geworden, gilt in der Schweiz als stark gefährdet und in Deutschland gar als vom Aussterben bedroht. Der Grund hierfür ist, dass sein Lebensraum ständig kleiner wird, es zudem hohe Ansprüche an seine Umgebung stellt und auf Störungen sensibel reagiert. Sollten Sie das Glück haben, ein Auerhuhn zu beobachten – evtl. sogar während seiner eindrücklichen Balz – so sollten Sie diese Entdeckung nicht publik machen und jede zusätzliche Störung der Vögel vermeiden. Leider gibt es viele uneinsichtige «Naturliebhaber», die um jeden Preis balzende Auerhähne sehen und bildfüllend fotografieren möchten – und schon ist es vorbei mit einem weiteren ehemals ungestörten Lebensraum. Um den letzten Auerhühnern Mitteleuropas das Überleben zu sichern, ist es das Beste, wenn man sie möglichst ungestört lässt.

Auerhenne *(Tetrao urogallus)*

Bei den Vögeln entstehen Laute nicht wie bei den anderen Wirbeltieren oder dem Menschen im Kehlkopf, sondern in der Syrinx, einem speziellen Stimmorgan aus Muskeln und Membranhäuten im Brustraum. Damit **Meisen**, Grünfinken *(Carduelis chloris)* und andere Arten jedoch arttypisch singen, braucht es ein angeborenes Wissen um den arteigenen Gesang und zusätzlich die Fähigkeit, die fehlenden Passagen von einem Vorbild lernen zu können. Je nach Art müssen Jungvögel unterschiedlich viel lernen. Allerdings ist es nicht immer so, dass Teile eines Gesangs oder Rufe vom Männchen der entsprechenden Art vorgetragen werden, gewisse Vogelarten wie beispielsweise Star *(Sturnus vulgaris)* oder **Singdrossel** *(Turdus philomelos)* ahmen auch die Gesänge anderer Arten nach. Die Vögel lassen sich dabei nicht nur von ihrer europäischen Umgebung inspirieren, sondern übernehmen auch Ausschnitte von Melodien, die sie in ihren afrikanischen Überwinterungsgebieten hören. Wenn **Staren** etwas gefällt, nehmen sie auch Geräusche von Maschinen oder Menschen in ihr Repertoire auf.

Kohlmeise, Tannenmeise

Singdrossel

Star

Eichelhäher *(Garrulus glandarius)*

Oben: Blaumeise *(Cyanistes caerulus)*
Unten: Singdrossel *(Turdus philomelos)*

Vögel beeinflussen Komponisten

Kein Wunder, sind Vögel nicht nur in Kunst und Dichtung, sondern auch in der Musik immer wieder ein Thema! Überhaupt sind es alten Mythen zufolge die Vögel, die den Menschen die Musik beigebracht haben. Die Gesänge von Rotkehlchen, Kuckuck, **Amsel** und zahlreichen anderen einheimischen und auch exotischen Arten kommen in Kompositionen von Mozart, Berlioz, Mahler, Händel, Wagner, Messiaen und vielen weiteren Komponisten aus verschiedenen Zeitepochen vor

→ → Amsel

Beobachtungstipps

- Nehmen Sie einmal die Mühe auf sich, im Frühling einen Wald noch vor der Morgendämmerung zu besuchen. Konzentrieren Sie sich dabei auf die anfängliche Stille, die nach und nach von einer zunehmenden Zahl **Vogelstimmen** erfüllt wird. Nach kurzer Zeit werden Sie einzelne Rufe und Gesänge auseinanderhalten und evtl. sogar bestimmten Vogelarten zuordnen können.
- Es lohnt sich auf jeden Fall, ein gutes Fernglas mitzunehmen: Im Frühling, wenn die Wälder noch kaum Laub tragen, sind die Vögel verhältnismäßig einfach zu beobachten.

→ → Trauerschnäpper, Heckenbraunelle, Ringeltaube

Fragen

- Wann sollte man unterwegs sein, um am ehesten eine Waldschnepfe beobachten zu können?
- Wodurch lassen sich die äußerlich sehr ähnlichen Vogelarten Fitis und Zilpzalp unterscheiden?
- Welches ist der kleinste einheimische Vogel?
- Wie erkennt man, ob ein Weibchen oder ein Männchen singt?
- Wann singen Vögel am intensivsten?

→185 Antworten

Spechte – die Zimmermänner des Waldes

Weißrückenspecht *(Dendrocopos leucotos)* bei der Fütterung der Jungen.

Es gibt wahrscheinlich keine anderen Waldtiere, die so auffällige und häufige Spuren hinterlassen wie die Spechte. Im Frühling, wenn die Bäume noch kahl sind, lassen sie sich besonders gut beobachten. An schon lange abgestorbenen und von Käferlöchern übersäten Bäumen findet man ihre Hackspuren besonders oft. Sie werden von den Spechten wegen ihrer **Käferlarven** besucht, die sie sehr gerne fressen. Spechte scheuen dafür keinen Aufwand und kehren immer wieder zu diesen Bäumen zurück. Etwas weniger auffallend sind ihre Bruthöhlen, die sie mit ihrem Meißelschnabel selber zimmern. Sie schaffen damit wichtige Lebensraumelemente für viele andere Tierarten im Wald. So nutzen beispielsweise verschiedene höhlenbrütende Vögel, aber auch **Fledermäuse**, Schläfer und Insekten verlassene Spechthöhlen als Versteck oder Neststandort.

→104 «Kleiner Geweihträger»

→110 «Die Nacht – die Zeit der Ruhe?»

In Mitteleuropa leben neun verschiedenen **Spechtarten**. Einige davon sind sehr häufig und in fast allen Waldtypen heimisch (z. B. der Buntspecht), andere hingegen können nur selten beobachtet werden (z. B. der **Weißrückenspecht**). Die Lebensweise der Spechte bedingt verschiedene anatomische Anpassungen. Neben dem starken meißelartigen Schnabel besitzen sie eine lange dünne Zunge mit kurzen Borsten an der klebrigen Spitze. Diese erlaubt ihnen, im Holz verborgene Insektenlarven herauszuziehen. Verschiedene Besonderheiten am Spechtkopf verhindern, dass das Gehirn durch die vielen harten Schläge Schaden nimmt. Ein Stützschwanz mit verstärkten Federkielen und eine Wendezehe erleichtern die Fortbewegung und das Klopfen und Hämmern an den Bäumen.

→ →
Weißrückenspecht

Die meisten Spechtarten fallen nicht nur durch ihren Gesang auf, sondern vor allem durch ihr **Trommeln**. Spechte suchen sich dazu Stellen aus, die eine gute Resonanz aufweisen. Ihr Trommeln dient der Reviermarkierung, dem Anzeigen von Bruthöhlen und der Paarbildung. Auch die Weibchen können trommeln und tun dies auch regelmäßig. Allerdings fallen ihre Trommelwirbel meistens etwas kürzer aus, als jene der Männchen. Geübte Ornithologen können eine Spechtart allein anhand der Länge, Geschwindigkeit und Lautstärke seines Trommelwirbels bestimmen.

→
Kleinspecht beim Trommeln

Wendehals

Wendehals

Dieser wärmeliebende und gut getarnte Vogel ist einzigartig unter den Spechten. Er zimmert keine eigene Bruthöhle, sondern nutzt bereits bestehende Höhlen oder Nistkästen. Im Gegensatz zu seinen Verwandten ist er auch kein Standvogel, sondern verbringt den Winter in Afrika. Da sich der Wendehals vorwiegend von Wiesenameisen ernährt, ist er ein sogenannter Nahrungsspezialist. Der Wendehals ist – anders als die übrigen europäischen Spechte – kein Waldvogel, sondern lebt in strukturreichen halboffenen Landschaften mit Hecken, Hochstammobstbäumen und Feldgehölzen. Aufgrund seiner guten Tarnung wird er oft nur dank seinem Gesang entdeckt. Seinen Namen hat er wegen seiner eigentümlichen Verteidigungshaltung erhalten: Er wendet dabei seinen Kopf und Hals schlangenartig hin und her und gibt dabei Zischlaute von sich.

Wendehals *(Jynx torquilla)*

Beobachtungstipps

Spechte lassen sich in fast jedem Wald beobachten. Am leichtesten gelingt dies beim Buntspecht. Die beste Zeit für eine Spechtexpedition ist die Zeit vor dem Laubaustrieb. Spechte lassen sich dann zum Beispiel dabei beobachten, wie sie die Einfluglöcher vorjähriger Höhlen oder künstlicher Nisthilfen erweitern. Ein Fernglas ist für die Spechtbeobachtung natürlich von Vorteil. Schauen Sie sich unbedingt auch Waldabschnitte mit hohem Totholzanteil genau an: Spechte suchen da gerne ihre Nahrung und Bäume für den Bau ihrer Bruthöhle.

An Föhren, seltener auch an Fichten, sind im Bergwald oft ringförmige Verletzungen an der Rinde zu erkennen. Zum Teil sind die Nadelbäume bis in mehrere Meter Höhe hinauf gerillt. Hat sich hier jemand mit dem Taschenmesser ausgetobt? Wohl kaum: Die Spuren reichen zu hoch hinauf, als dass ein Mensch dafür in Frage käme. Diese Ringelspuren sind die Arbeit des **Dreizehenspechts** *(Picoides tridactylus)*.

Dreizehenspecht

Dreizehenspecht *(Picoides tridactylus)*

Buntspecht, Kleinspecht, Mittelspecht

Dieser bis zu 24 cm große **Specht** mit gelber Kopfplatte hackt waagrechte Löcherlinien durch die Rinde bis ins Splintholz des Stammes. Diese Ringelspuren hämmert er nicht, um Holzinsekten aufzuspüren, sondern um an den Baumsaft zu gelangen. Dieser begehrte Saft steigt im Frühling besonders reichlich von den Wurzeln in die Baumkronen, und macht in dieser Zeit einen besonders großen Anteil seiner Nahrung aus. Zwischen Ende Februar und Mitte September sucht der Dreizehenspecht regelmäßig die geringelten Bäume auf und bedient sich an seinen Zapfstellen. Die einzelnen Löcherlinien liegen dabei 6 bis 15 cm auseinander und die einzelnen Löcher 1 bis 2 cm. Auch der Buntspecht *(Dendrocops major)* ringelt Bäume, allerdings nur von März bis Mai und mit Abständen von 3 bis 4 cm zwischen den einzelnen Löchern. Die Spechte haben ihre Arbeit im Griff: Keiner der Bäume stirbt ab oder wirkt im Vergleich mit anderen schwächlich. Ihre Ringelspuren bleiben in der Rinde über Jahre oder sogar ein Baumleben lang als Narben sichtbar, auch wenn sie schon lange nicht mehr erneuert werden.

Buntspecht *(Dendrocops major)*

Vom Dreizehenspecht *(Picoides tridactylus)*
gehackte Ringelspuren

Licht und Schatten

Leberblümchen

Bevor sich das Blätterdach in Laub- oder Mischwäldern schließt, ist für viele krautige Pflanzen der ideale Zeitpunkt zum Blühen gekommen. **Leberblümchen** *(Hepatica nobilis)*, Buschwindröschen *(Anemone nemorosa)*, Waldveilchen *(Viola reichenbachiana)*, Bärlauch *(Allium ursinum)* und der **Aronstab** (*Arum* sp.) mit seiner eigenartigen Blüte sind typische Beispiele dafür.

57 Kasten «Aronstab»

Wenn die Frühlingssonne durch die noch kahlen Baumkronen scheint, erwärmt sich der dunkle Waldboden und die Laubstreu schneller als die darüberliegende Luft. In Bodennähe kann es an einem sonnigen Frühlingstag ohne Weiteres bereits 20 °C sein und damit um ein Vielfaches wärmer als auf der Höhe der Sträucher und Bäume. Diese Wärme beschleunigt die Entwicklung dieser Frühlingspflanzen, sodass sie in kurzer Zeit Blätter und Blüten bilden. Zusätzlich besitzen sie unterirdische Speicher-

Buschwindröschen *(Anemone nemorosa)*

organe mit Reservestoffen, die ihnen gegenüber anderen Arten einen Zeitvorsprung ermöglichen. Beim **Bärlauch** sind die Nährstoffreserven in Zwiebeln, bei Leberblümchen, Buschwindröschen in kriechenden Sprosswurzeln (Rhizomen) und bei Lerchenspornarten (*Corydalis* sp.) und Scharbockskraut *(Ficaria verna)* in kleinen Spross- und Wurzelknollen gespeichert.

→ Bärlauch

Im hellen Frühlingslicht sind jetzt auch bereits zahlreiche Insekten unterwegs, die auf den Frühblühern Pollen und Nektar fressen oder sammeln. Je nach Standort und Blütentyp können dies eher **Käfer**, Bienen, **Schmetterlinge** oder Fliegen sein. Die meisten Blütenbesucher machen sich erst bei warmen Temperaturen und Sonnenschein auf die Nahrungssuche. Es gibt aber auch Ausnahmen: Die Hummeln können ihren Körper durch Muskelzittern auf Flugtemperatur aufheizen und so auch bei kühlen Temperaturen unterwegs sein.

→104, 62
«Kleiner Geweihträger»; «Das Landkärtchen»

Bevor die jungen Buchenblätter groß werden und sich dunkelgrün färben, dringt noch viel Licht durch die Baumkronen auf den Waldboden.

Oben links: Vom Lerchensporn (*Corydalis* sp.) gibt es mehrere ähnlich aussehende Arten.

Oben rechts: Leberblümchen *(Hepatica nobilis)*
Unten: Scharbockskraut *(Ficaria verna)*

Der Schattenspezialist

Es gibt wohl keine andere Pflanzenart in unseren Wäldern, die den Schatten so gut verträgt, wie der Wald-Sauerklee *(Oxalis acetosella)*. Er ist an seinen drei kleeähnlichen Teilblättern und den rot-violett geaderten weißen Blüten gut zu erkennen. Der Wald-Sauerklee kann durch die Veränderung des Zelldruckes die Teilblätter regenschirmartig zusammenklappen. Dieser Vorgang wird durch starke Sonneneinstrahlung ausgelöst und dient dazu, die Blätter der Pflanze vor Überbelichtung zu schützen. Der Wald-Sauerklee kommt also mit schattigen Standorten nicht nur gut zurecht, er ist geradezu auf diese angewiesen: Zu viel Sonne führt dazu, dass er seine Blätter zusammenklappt.

Sobald sich das Laub fertig entwickelt hat, wird es wieder ruhiger in der Krautschicht. Da jetzt nur noch wenig Sonnenlicht durch das Kronendach in den Wald tritt, sind nur noch wenige blühende Pflanzen zu finden. Entsprechend fehlen auch die Blütenbesucher. In arten- und strukturreichen Wäldern gibt es aber immer wieder Stellen, wo auch im Sommer noch viel Licht auf den **Waldboden** gelangt. Abgestorbene und umgestürzte Bäume zum Beispiel können auch ohne menschlichen Einfluss Lücken in einen geschlossenen Waldbestand reißen. Es gibt viele Arten, die auf solche lichtdurchfluteten Lücken geradezu warten.

→20 «Der Waldboden»

Sauerklee *(Oxalis acetosella)* im Schatten (links) und in der Sonne (rechts)

Meistens dauert es aber nur wenige Jahre, bis die Lücke im Wald durch die nachwachsenden Bäume wieder geschlossen wird.

Im Gegensatz zum offenen Kulturland ist das Klima im Wald deutlich ausgeglichener. Der Baumbestand spendet Schatten und bremst resp. verzögert damit eine starke Erwärmung der bodennahen Schichten und des Bodens während des Tages. In der Nacht wiederum strahlt der Wald weniger Wärme ab. Die Bäume bremsen auch den Wind und damit den Luftaustausch mit der Umgebung. Damit sorgen sie dafür, dass die aus dem Boden steigende und von den Pflanzen abgegebene Feuchtigkeit nur langsam den **Wald** verlässt. In vielen Wäldern bleibt der Waldboden immer feucht. Auch die Auswirkungen von Niederschlägen werden reduziert oder ausgeglichen. Kurze heftige Niederschläge gelangen manchmal gar nicht oder nur stark vermindert und verzögert auf den Waldboden.

16← «Lebensraum Wald»

Bewachsene Lichtung in einem Nadelwald

Aronstab – mit Aasgeruch zum Erfolg

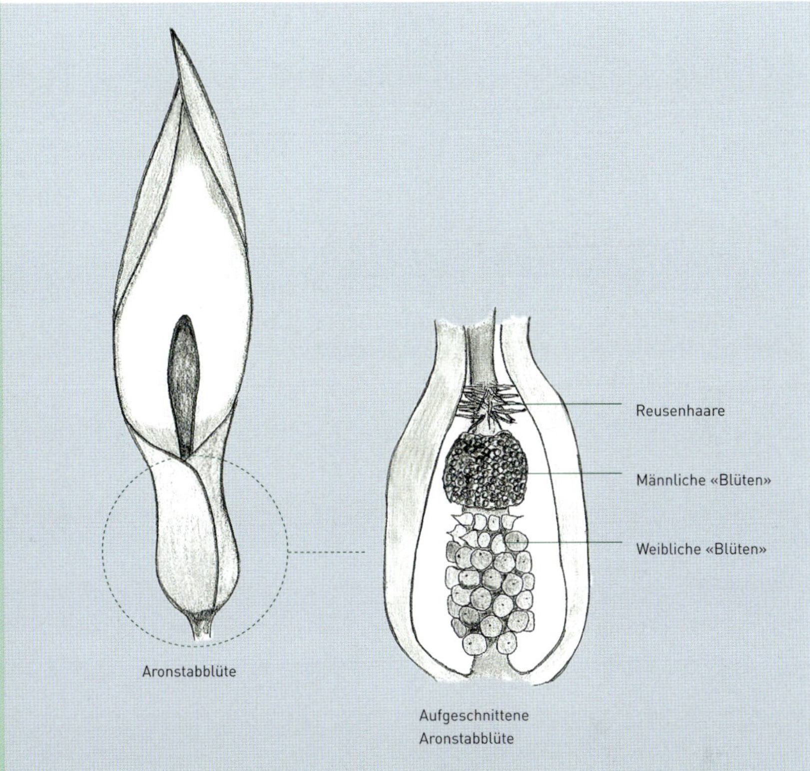

Auch der Aronstab (*Arum* sp.) gehört zu jenen Pflanzen, die in der kurzen laubfreien Zeit im Frühjahr blühen. Er hat dazu eine ganz spezielle Bestäubungsstrategie entwickelt. Seine Blüte besteht aus einem Kolben, der von einem im unteren Teil geschlossenen gelbgrünen Hochblatt umgeben ist. Diese Blüte verströmt einen nach Aas riechenden Duft, welcher gewisse Fliegen und Schmetterlingsmücken anzieht. Besuchen diese die Blüte, so werden sie von sogenannten Reusenhaaren während einiger Zeit in der Blüte festgehalten. Erst wenn die gefangenen Insekten die weiblichen Blüten mit dem Pollen eines anderen Aronstabs befruchtet haben, erschlaffen dessen Reusenhaare. Nun können die Fliegen und Mücken wieder entweichen. Erst wenn dies geschehen ist, wird der männliche Pollen des Aronstabs von den männlichen Blüten freigegeben. Diese ungewöhnliche Vorrichtung verhindert, dass es zu Selbstbefruchtungen kommen kann.

Querschnitt durch eine Aronstabblüte

Beobachtungstipps

- Schauen Sie sich die Blüte eines Aronstabs genauer an. Können Sie die oben beschriebenen Merkmale erkennen? Ist die Pflanze schon bestäubt worden? Besuchen Sie denselben Standort zu einem späteren Zeitpunkt erneut und überprüfen Sie, ob Sie den Fruchtstand der Pflanze erkennen können.
- Suchen Sie sich eine Stelle mit besonntem und beschattetem Sauerklee. Können Sie die unterschiedlichen Blattstellungen erkennen? Versuchen Sie, den gut besonnten Sauerklee zu beschatten und beobachten Sie, wie lange es dauert, bis sich seine Blattstellung zu verändern beginnt.

Fragen

- Warum blühen nicht alle Waldbodenpflanzen dann, wenn die Bäume noch kahl sind und viel Licht auf den Waldboden fällt?
- Wieso hat es in Wäldern mit einem geschlossenen Kronendach meistens nur wenige Schmetterlinge und Bienen?
- Welche Anpassungen an das Leben im Schatten besitzt der Sauerklee?
- Was geschieht mit den Niederschlägen, die auf einen Wald fallen?

185← Antworten

Die Waldeidechse

Obwohl die Waldeidechse *(Zootoca vivipara)* in Mitteleuropa weit verbreitet ist, wird sie nur selten beobachtet: Die Tiere sind gut getarnt und bleiben auch dann unbeweglich liegen, wenn man nah an ihnen vorbeigeht. Kein Wunder, werden sie häufig übersehen!

Merkmale

Waldeidechsen sind meist braun gefärbt mit mehr oder weniger ausgeprägten hellen und dunklen Flecken oder Fleckenreihen auf dem Rückenband. Es gibt aber auch ungefleckte und schwarze Tiere. Ihre Gesamterscheinung ist zierlich. Sie werden selten länger als 15 cm, wovon etwa zwei Drittel alleine auf den Schwanz entfallen.

Verbreitung und Lebensraum

Das Verbreitungsgebiet der **Waldeidechse** erstreckt sich von der Poebene bis weit nach Nordeuropa und im Osten bis an die russische Pazifikküste. In den tieferen Lagen kann man sie in Waldlichtungen, an Waldrändern und in Mooren antreffen. In **höheren Lagen** (bis über 2000 m) werden auch Mauern, Steinhaufen und Geröllfelder besiedelt. Da die Waldeidechse lebendgebärend ist, braucht sie keine besonderen Standorte für die Eiablage. Je nach Lebensraum wird die Waldeidechse zuweilen auch Berg- oder Mooreidechse genannt.

→ Waldeidechse

→23 «Höhenstufen»

Waldeidechse *(Zootoca vivipara)*

Nahrung

98, 65← «Jäger am seidenen Faden»; «Die Waldgrille»

Waldeidechsen ernähren sich zur Hauptsache von Gliederfüßlern (Insekten, Spinnentieren, Tausendfüßlern und Asseln). Im Wald werden wohl besonders oft **Wolfspinnen** und **Waldgrillen** erbeutet.

Lebensweise

An sonnigen Tagen können bereits Anfang März die ersten Männchen beim Sonnenbaden entdeckt werden. Ende März/Anfang April erscheinen dann auch die Weibchen. Danach braucht es nur einige milde Frühlingstage bis die Paarung stattfindet. Mit den steigenden Temperaturen benötigen die Waldeidechsen nur noch kurze Sonnenbäder und bewegen sich im Sommer daher fast nur in der Vegetationsschicht. Sie sind deshalb in dieser Jahreszeit nur schwer zu entdecken.

Die Entwicklungszeit der Jungtiere im Mutterleib ist stark witterungsabhängig. Obwohl die kleinen Eidechsen lebend geboren werden, erfolgt die Entwicklung wie bei allen Reptilien im Mutterleib in einem Ei. Jungtiere können bereits ab Mitte August oder auch erst im Oktober geboren werden. Nach den ersten Kälteeinbrüchen im Herbst suchen sich zuerst die ausgewachsenen Tiere und etwas später auch die Jungtiere frostgeschützte Überwinterungsplätze.

Feinde und Parasiten

← Sperber und Habicht, Schlingnatter

Waldeidechsen haben verschiedene Fressfeinde; sie passen ins Beutespektrum von **Greifvögeln**, Kleinsäugern und **Schlangen**. Zu Letzteren gehören vor allem die manchmal im gleichen Lebensraum vorkommenden Schlingnattern und Kreuzottern. Wie bei vielen kleinen Tierarten ist auch die Überlebenswahrscheinlichkeit der Jungtiere nur gering. Die bereits erwähnten Fressfeinde, aber auch große Laufkäfer lassen nur wenige Tiere mehr als ein Jahr alt werden.

67← «Zecken»

Wie die meisten Wirbeltiere des Waldes können auch Waldeidechsen von **Zecken** befallen werden: Ihr Schuppenkleid kann den Befall nicht verhindern. Meistens greifen die Parasiten an jenen Stellen an, die die Eidechse nur schlecht selber erreichen können.

Waldeidechse mit Zeckenbefall (hinter dem rechten Vorderbein)

Lebendig oder tot?

Waldeidechsen werfen ihren Schwanz nur im äußersten Notfall, wenn es um Leben oder Tod geht, ab. Diese Fähigkeit zur Autotomie (Selbst-Schneidung) teilen sie mit einigen anderen Tierarten. Die Waldeidechse kann ihren Schwanz an Sollbruchstellen zwischen den Schwanzwirbeln abtrennen. Dies geschieht durch eine schnelle Kontraktion des Ringmuskels, die auch einen größeren Blutverlust verhindert. Das abgeworfene Schwanzstück zuckt noch einige Zeit und lenkt damit den Fressfeind ab. Meistens kann sich die Eidechse dank diesem Ablenkungsmanöver in Sicherheit bringen. Ihr Schwanz wächst nach einem Abwurf zwar wieder nach, besitzt aber anstelle der knöchernen Wirbel nur noch Knorpel und wird auch nicht mehr so lang. Der nachgewachsene Schwanz kann zudem bei Gefahr erneut abgeworfen werden, allerdings nur an einer Stelle mit Wirbel, also oberhalb der alten Bruchstelle.

Beobachtungstipp

Die beste Zeit für Waldeidechsen-Beobachtungen sind die ersten sonnigen Frühlingstage und der Herbst. Beobachtungen sind nicht einfach, sondern brauchen etwas Geduld und eine Portion Glück. Am besten gelingen sie an strukturierten Waldrändern oder Böschungen. Oft sonnen sie sich auf liegenden Baumstämmen. Bewegen Sie sich in einem langsamen Spaziergangtempo entlang dem potenziellen Lebensraum und achten Sie dabei auf schnelle Bewegungen oder kurzes Rascheln. Wenn Sie etwas bemerken, so sollten Sie stehen bleiben und versuchen, den Standort zu lokalisieren. Wenn Sie genügend Geduld haben und warten, so können Sie evtl. zusehen, wie die Waldeidechse nach einer Weile leise und unauffällig ihren Sonnenplatz wieder einnimmt.

Frage

› Wieso kann die Waldeidechse auch in grundsätzlich eher kühlen und feuchten Lebensräumen leben?

→186 Antwort

Das Landkärtchen

«Landkärtchen» ist ein seltsamer Name für einen Schmetterling. Er ist zu ihm gekommen, weil seine Flügelunterseite wie eine Landkarte gezeichnet ist. Man kann Landkärtchen *(Araschnia levana)* im Mai in lichten Wäldern und an Waldrändern mit Hochstaudenfluren und Brennnesseln beobachten. Beobachtungen gelingen aber auch im Juli, wenn die zweite Landkärtchen-Generation herumfliegt. Auffällig ist, dass die Flügel der Frühlingsgeneration ganz anders gefärbt sind als jene der Sommergeneration: Während bei der Frühlingsgeneration die Farben orange, braun und schwarz zu etwa gleichen Teilen vertreten sind, ist die orange Farbe bei der Sommergeneration nur noch am Flügelrand zu erkennen. Stattdessen fällt nun das crèmefarbene Band auf, welches die Flügel der Sommergeneration dominiert. Aufgrund der sehr unterschiedlichen Färbung hat man die Frühlings- und Sommergeneration des **Landkärtchens** lange für zwei verschiedene Arten gehalten.

Landkärtchen

Das Phänomen der unterschiedlich gezeichneten Generationen wird «Saisondimorphismus» genannt. Die Unterschiede werden vermutlich in erster Linie durch die Tageslänge während der Raupenphase hervorgerufen. Möglicherweise hat auch die Temperatur einen gewissen Einfluss auf die optische Erscheinung. Sind die Raupen langen Tagen und höheren Temperaturen ausgesetzt, so entwickelt sich die dunkle Sommerform. Die Raupen aus der 2. Generation wiederum leben im Spätsommer während kürzerer Tage und meist auch schon wieder tieferen Temperaturen. Nach der Verpuppung verbringen sie den Winter und schlüpfen erst im nächsten Frühjahr als helle Frühlingsform.

Links: Frühlingsgeneration des Landkärtchens *(Araschnia levana)*
Mitte: Sommergeneration

Rechts: Der Kleine Eisvogel *(Limentitis camilla)*, ebenfalls ein Waldschmetterling, ähnelt der Sommergeneration des Landkärtchens.

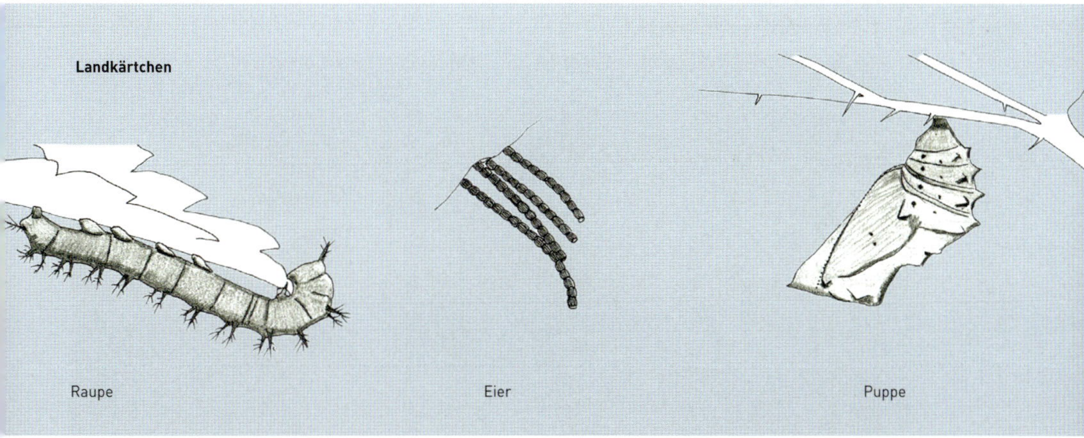

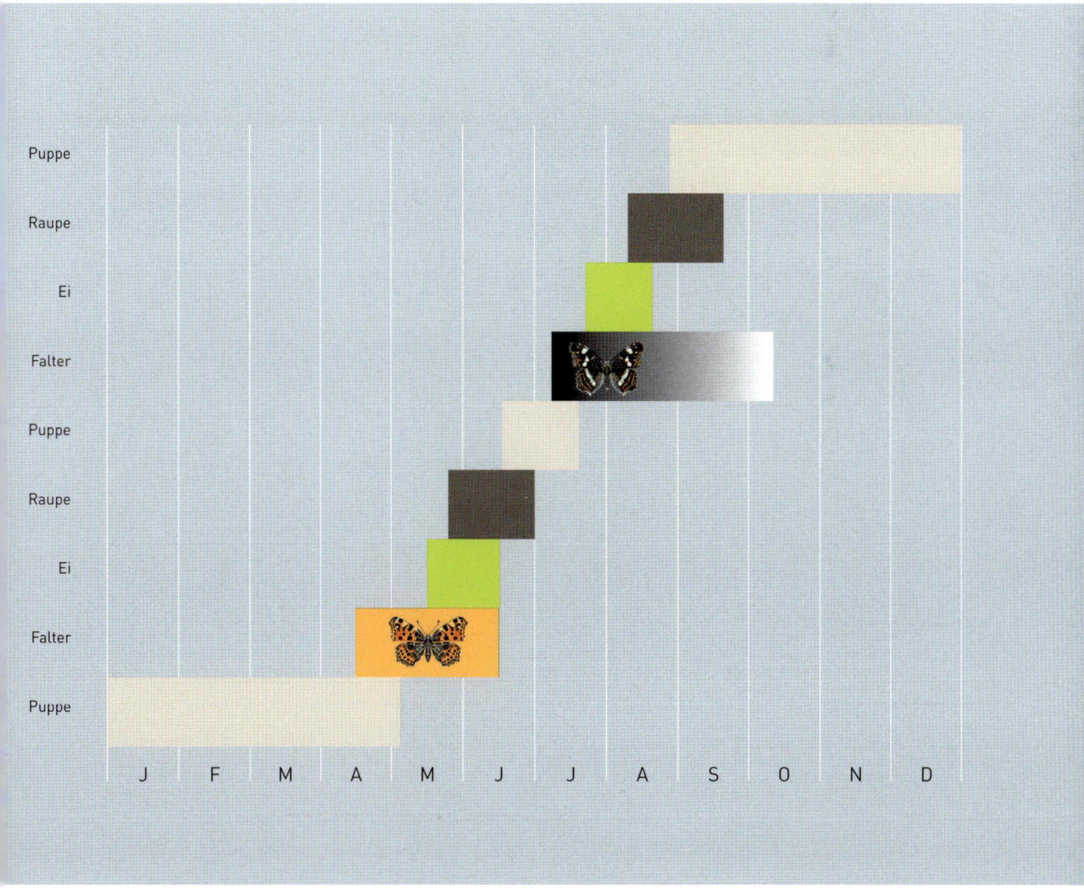

Die Phänologie des Landkärtchens mit seinen zwei Generationen.

Beobachtungstipps

Suchen Sie Brennnesseln nach Raupen ab. Die Raupen des Landkärtchens sind schwarz mit feinen weißen Punkten und verzweigten Dornen. Sie sind denen des Tagpfauenauges ähnlich, haben aber auch auf dem Kopf Dornen. Den Raupen ist nicht anzusehen, ob sie dereinst Schmetterlinge der hellen Frühlingsform oder der dunklen Sommerform sein werden. Es gibt viele Schmetterlingsarten, welche die Brennessel als Raupenfutterpflanze benötigen (Tagpfauenauge, Kleiner Fuchs, Distelfalter, Admiral etc.)
Interessant ist auch das Beobachten der Schmetterlinge: Wie Sie schnell werden feststellen können, bewegen Schmetterlinge auch auf festem Untergrund beständig ihre Flügel. Sie tun dies, um damit ihre Körpertemperatur zu regulieren. Sitzen sie mit ausgebreiteten und der Sonne zugewandten Flügeln an einer besonnten Stelle, sind sie am Wärmetanken; haben sie hingegen genug Wärme gewonnen, so klappen sie ihre Flügel zusammen.

Waldbrettspiel *(Pararge aegeria)* mit geöffneten Flügeln

Die Waldgrille

An trockenen, warmen Waldrändern und auf Waldlichtungen kann man im Frühling Waldgrillen *(Nemobius sylvestris)* beobachten. Sie halten sich meist am **Boden** im Falllaub auf und verschwinden bei Gefahr rasch zwischen den Blättern.

→20 «Der Waldboden»

Die Waldgrille ist der Feldgrille nicht unähnlich, aber deutlich kleiner und zierlicher gebaut. Bei näherer Betrachtung fallen die gelben Linien auf der Stirn auf. Anders als bei der Feldgrille *(Gryllus campestris)* bedecken die Flügel der ausgewachsenen Tiere nicht den ganzen Hinterleib. Beim Weibchen erreichen sie die Länge des Halsschildes, während sie beim Männchen ungefähr doppelt so lang sind. Das Männchen braucht seine Flügel auch zum Singen. Der als «Zirpen» bezeichnete Gesang wird erzeugt, indem die Schrillkante des einen Flügels über die Schrillleiste des anderen Flügels gezogen wird. **Der Waldgrillen-Gesang** ist von Juni bis in den Herbst zu hören.

→ →
Waldgrille

Im Gegensatz zu den Feldgrillen kann man erwachsene Waldgrillen während des ganzen Jahres antreffen. Der Entwicklungszyklus der Waldgrillen dauert zwei Jahre. Er beginnt mit der Eiablage im Spätsommer. Nach der Überwinterung als Ei

Ein Waldgrillenweibchen; zu erkennen an der Legeröhre und den typischen kurzen Flügeln

schlüpfen die Larven im darauffolgenden Sommer. Den zweiten Winter ihres Lebens verbringen sie im Larvenstadium. Ab dem Mai des Folgejahres können sie als ausgewachsene Waldgrillen beobachtet werden. Die meisten von ihnen sterben dann beim Wintereinbruch, es gibt aber auch immer einige Tiere, die bis zum nächsten Frühjahr überleben. Daher kann man mit Glück und an geschützten Lagen auch an milden und sonnigen Wintertagen singende Waldgrillen antreffen.

Beobachtungstipp

Suchen Sie an sonnigen und warmen Plätzen im Wald oder am Waldrand nach Waldgrillen. Versuchen Sie, die Männchen und Weibchen anhand ihrer unterschiedlichen Flügellänge zu unterscheiden.

Fragen

- Woran können Sie bei einer Waldgrille erkennen, ob es sich dabei um ein männliches oder ein weibliches Exemplar handelt?
- Wie kommt das Zirpen der Waldgrillen zustande?

→186 Antworten

Zecken – Waldbewohner mit schlechtem Ruf

Zecken (*Ixodida* sp.) haben im Gegensatz zu den sechsbeinigen Insekten acht Beine. Sie gehören also zur Klasse der **Spinnen**tiere. Sie halten sich gerne am Boden zwischen Gräsern auf oder lauern bis 80 cm über dem Boden auf Sträuchern und im Unterholz von Wäldern auf Blutlieferanten. Sie kommen bis auf 1500 m ü. M. vor. Bevor eine Zecke ausgewachsen ist, macht sie vier Entwicklungsstufen durch: vom Ei über die Larve zur Nymphe und schließlich zum ausgewachsenen Tier. Zwischen jeder Entwicklungsstufe braucht sie eine Blutmahlzeit. Anders als bei den Mücken, bei denen nur die Weibchen stechen, saugen bei den Zecken beide Geschlechter Blut. Dabei können sie die für den Menschen gefährlichen Erreger übertragen. Bei Temperaturen ab 8° C werden Zecken aktiv und sind deshalb vom Frühling bis in den Herbst potenzielle Krankheitsüberträger. In milden Gebieten sind sie ganzjährig aktiv, sodass man auch im Winter mit Zeckenbissen rechnen muss. Im Zusammenhang mit der Klimaerwärmung und den immer milderen Wintern werden sich Zecken zukünftig vermehrt ausbreiten können, weil sie durch den fehlenden Frost nicht getötet werden.

→98 «Jäger am seidenen Faden»

Zecke (*Ixodida* sp.)

Überträger von FSME und Lyme-Borreliose

Die von Zeckenviren ausgelöste FSME (Frühsommer-Meningo-Encephalitis) führt zu Entzündungen der Hirnhaut, des Hirns oder des Rückenmarks. Gegen diese Erkrankung ist eine vorbeugende Impfung möglich. Die FSME ist zurzeit eine seltene Krankheit und wird nur von einem kleinen Prozentsatz der Zecken übertragen.

Zecken übertragen aber auch die Lyme-Borreliose. Diese Krankheit wird durch Bakterien verursacht, gegen die keine Impfung möglich ist. Im Verhältnis zur FSME tritt sie häufig auf: In der Schweiz und im süddeutschen Raum ist beispielsweise ungefähr jede dritte Zecke bereits vom Lyme-Borreliose-Bakterium befallen. Die Lyme-Borreliose ist eine Infektionskrankheit mit den unterschiedlichsten Symptomen. Die Erreger breiten sich über den Blutkreislauf im ganzen Körper aus und befallen dabei Haut, Muskeln, Bänder, Gelenke, das Nervensystem oder das Herz. Rechtzeitig erkannt, ist diese Krankheit mit Antibiotika behandelbar. Bleibt sie jedoch unerkannt, verursacht sie ernsthafte bleibende Schäden.

Für Rotkehlchen *(Erithacus rubecula)* und andere Vögel sind Zecken Delikatessen.

Sich von Zecken nicht den Aufenthalt im Wald verderben lassen

Obwohl man die Gefahr von Zeckenbissen ernst nehmen muss, sollte man sich von ihnen den Aufenthalt im Wald nicht verderben lassen. Schon mit einfachen, vorbeugenden Maßnahmen kann man das Risiko eines Zeckenbisses beträchtlich verringern: Geschlossene Kleidung, über die Hosenbeine gezogene Socken oder Insektenschutzmittel erschweren jeder Zecke den Biss.

Wenn Zecken jemanden befallen, so beißen sie nicht sofort zu, sondern suchen zuerst nach einer geeigneten Körperstelle. Zecken schätzen warme und weiche Haut. Manchmal spürt man sie herumkrabbeln und kann sie vor dem Zubeißen rechtzeitig entfernen. Häufig bemerkt man ihre Anwesenheit aber erst, wenn sie schon zugebissen haben.

Nach einem Aufenthalt in Zeckengelände sollten Sie sich immer gründlich absuchen. Da die Übertragungsgefahr durch FSME und Lyme-Borreliose mit der Dauer des Kontaktes steigt, ist es wichtig, dass Sie sich möglichst schnell nach dem Waldspaziergang absuchen. Sollten Sie gebissen worden sein, so ist es das Beste, wenn Sie die Zecke mit einer Pinzette knapp über der Haut fassen und vorsichtig herausziehen. In Apotheken sind spezielle Zeckensets dazu erhältlich. Sollten Sie sich das Herausziehen der Zecke selber nicht zutrauen, so wird man Ihnen in jeder Apotheke sicherlich gerne helfen. Um eine Entzündung zu vermeiden, muss die Einstichstelle desinfiziert werden. Notieren Sie sich das Datum und die Körperstelle des Bisses. Falls innerhalb des nächsten Monats Hautveränderungen (z. B. ringförmige Rötung) um die Bissstelle auftreten, so muss unbedingt ein Arzt aufgesucht werden: Sie können erste Hinweise auf eine Borreliose-Erkrankung sein.

Frage

› Mit welchen vorbeugenden Maßnahmen kann man Zeckenbisse verhindern?

→186
Antwort

Kurzinformationen Frühling

Entwicklungshilfe von Ameisen

87← «Waldameisen»
← Waldameisen

Der Ameisen-Sackkäfer *(Clytra laeviuscula)* fällt durch ein besonders ungewöhnliches Fortpflanzungsverhalten auf: Sind die Eier des Weibchens zur Ablage bereit, so bedeckt es diese mit Kotschüppchen und lässt die Eier in der Nähe von **Ameisennestern** fallen. Sie werden von den Ameisen unverzüglich in den Bau getragen – vermutlich in der Annahme, es handele sich dabei um Baumaterial. Wenn die Käferlarve schlüpft, so bildet sie aus dem eigenen Kot eine Hülle, die sie vor möglichen Angriffen der Ameisen schützt. In dieser Hülle ernährt sie sich während ihrer weiteren Entwicklung, die etwa zwei Jahre dauert, von den Eiern ihrer Gastgeber. Schließlich verpuppt sie sich und schlüpft im darauffolgenden Frühling. Nun verlässt der ausgewachsene Käfer den Ameisenbau und nimmt fortan nur noch pflanzliche Nahrung zu sich.

Waldhonig

Insekten wie Blattläuse, Schildläuse oder Blattflöhe ernähren sich vom Saft verschiedener Bäume (Fichten, Tannen, Lärchen, Föhren, Ahorn- und Eichenarten). Dabei saugen sie an Blättern, Nadeln, Ästen oder Stämmen. Den überschüssigen Saft scheiden sie als klare Tropfen wieder aus. Dieser sogenannte Honigtau ist bei Waldameisen als Nahrung sehr begehrt. Um ihre Futterquelle nicht zu verlieren, schützen die Ameisen die Blattläuse vor Feinden, indem sie diese mit Ameisensäure besprühen. Nach starken Regenfällen soll schon beobachtet worden sein, wie Waldameisen heruntergespülte Blattläuse wieder in die Bäume hinaufgetragen haben.

← Bienen

Wenn Sie im Wald genau hinhören, dann vernehmen Sie das Summen von **Bienen** in den Baumkronen. Auch Bienen gehören zu den Besucherinnen der Läuse. Sie sammeln ihren Honigtau ebenso sehr wie den Blütennektar. Im Bienenstock wird Honigtau mit den Fermenten der Bienen angereichert und zu Waldhonig weiter verarbeitet. Waldhonig ist besonders reich an Enzymen und Mineralstoffen. Er ist dunkelbraun und von kräftigem, herbem Geschmack.

← Reh
147← «Die großen Pflanzenfresser»

Wer hat hier gewirkt?

Manchmal kann man im Wald junge, stark verletzte Bäume, mit abgeschabter Rinde sehen. Im Frühling werden diese Schäden meistens durch **Rehböcke** verursacht, die auf diese Weise die Basthaut von ihrem Geweih abstreifen. Bei diesem Prozess werden die Pflanzen verletzt, während der austretende Pflanzensaft das ursprünglich knochenweiße Geweih der Rehböcke braun färbt.

Oben: Ameisen-Sackkäfer *(Clytria laeviscula)*
Unten: Blattläuse

Manchmal haben die Verletzungen an Bäumen aber auch andere Ursachen. Eine verbreitete ist das sogenannte Schälen. Darunter versteht man das Abfressen der Rinde durch Wildtiere. Oft lassen sich dann auch Zahnspuren an den Stämmen erkennen.

Frühlingspilz

156← «Pilze» Der Herbst ist bekanntermaßen die Saison der **Pilze**. Das gilt aber nicht für alle Arten: **Morcheln** (*Morchela* sp.) beispielsweise sind typische Frühlingspilze. Von den Morcheln gibt es viele verschiedenen Arten, die nicht einfach zu unterscheiden sind. ← Morcheln Alle lassen sich aber anhand ihrer wabenartig gegliederten Hutoberfläche als Morcheln identifizieren. Man kann sie von März bis Juni bevorzugt in feuchten Wäldern (Auenwälder) finden.

Die alljährliche Wanderung

Praktisch in allen Wäldern gibt es Tümpel und Teiche. Diese Stillgewässer sind die Geburtsstuben von Fröschen, Kröten und Molchen. Grasfrösche *(Rana temporaria)* verbringen manchmal sogar den Winter in den eisbedeckten Gewässern. Die meisten Arten suchen sich im Herbst jedoch einen trockeneren Überwinterungsplatz im Wald. Sobald im Frühling feuchte Nächte und Temperaturen von einigen Graden über null zusammenfallen, beginnt überall die Wanderung zurück in die Tümpel und Teiche. Diese Wanderungen sind zeitlich sehr konzentriert, sodass zuweilen Wege und Straßen

Links: Das wachsende Geweih des Rehbocks ist von einer Bastschicht überzogen.
Rechts: Junger Baum mit frischen Fegespuren

von Amphibien übersät sind. Wo nicht entsprechende Schutzmaßnahmen und Straßensperrungen vorgenommen werden, gibt es jedes Jahr ein Massaker. Erdkrötenmännchen *(Bufo bufo)* klammern sich oft schon auf der Wanderung an die Weibchen und lassen sich von diesen zum Gewässer tragen. Schon bald wimmelt es in diesen von den Laichballen der **Grasfrösche** und den Laichschnüren der Erdkröten.

→ Grasfrosch

Abfallteppiche

Im Frühling liegen in Nadelwäldern oft ganze Teppiche aus einzelnen Fichtentrieben am Boden. Je nach Höhe über Meer und Wachstumsbedingungen sind diese Triebe nur kurz oder bis zu mehreren Zentimetern lang. Schaut man sie sich genauer an, so erkennt man an der geraden Schnittstelle, dass sie nicht etwa durch einen Sturm abgerissen, sondern sauber abgebissen wurden. Der Verursacher dieser Bisse ist das Eichhörnchen *(Sciurus vulgaris)*. Dieses hat es primär auf die energiereichen männlichen Blütenknospen abgesehen. Damit das Öffnen dieser Knospen aber bequemer geht, beißt es gleich die ganzen Triebe ab. Hat es dann die männlichen Knospen gefressen, so lässt es den Trieb als Abfall zu Boden fallen.

→124 «Wegwerfprodukte der Natur»

Eichhörnchen bevorzugen vor allem die Knospen der Fichten, aber auch jene der Lärchen und andere Nadelbäume verschmähen sie nicht. In Jahren mit großem Tannzapfenbesatz und entsprechend vielen reifen Samen ist das Eichhörnchen weniger auf Knospen angewiesen, sodass die Teppiche unter den Nadelbäumen weniger üppig ausfallen.

Erdkrötenpärchen *(Bufo bufo)* auf einer Straße

Beobachtungstipp

Vielleicht kennen Sie eine Stelle, an der im Frühling Amphibienschutzmaßnahmen (Zäune und Signalisation) ergriffen werden. Erkundigen Sie sich doch, wer diese installiert und betreut. Oft werden sie von Freiwilligen mit guten Amphibienkenntnissen betreut, die die lokalen Verhältnisse gut kennen und Ihnen entsprechende Beobachtungstipps geben können. Wenn Sie sogar selber bei solchen Einsätzen mitmachen, können Sie dabei viel Interessantes über die einheimischen Amphibien und deren Wanderungen erfahren.

Um leichter an die begehrten männlichen Blütenknospen zu gelangen, beißt das Eichhörnchen gleich den ganzen Trieb ab.

Fragen

- Wie viel Zeit verbringt ein Vierpunktkäfer während seiner Entwicklung in einem Waldameisenbau?
- Was entsteht aus dem Honigtau und den Fermenten der Bienen?
- An welchen Pflanzenteilen saugen Insekten, die sich von Pflanzensäften ernähren?
- Wieso sieht man im Frühling auf vielen Waldstraßen unzählige Amphibien?

→186
Antworten

Sommer

6
9
5
8
4
7
3
1
2

Einleitung Sommer

Im Sommer bietet das schattige Kronendach der Bäume Schutz vor der Hitze. Obwohl das Blätterdach nur noch wenig Licht auf den Waldboden lässt, können Farne und andere typische Waldpflanzen bestens gedeihen. Beerensträucher blühen, erste Walderdbeeren werden reif, die Vögel zwitschern, und der Wald ist voller Geräusche. Bienen summen in den Baumwipfeln, und in der Luft herrscht reger Flugverkehr von Schmetterlingen, Hummeln und anderen Insekten. Rehe, Wildschweine und andere Wildtiere sind mit der Aufzucht ihrer Jungen beschäftigt. Einige Vogelarten wie die Kohlmeise brüten bereits zum zweiten Mal. Unerfahrene Jungvögel sammeln Überlebenserfahrungen und sind zum Teil leichte Beute für Fuchs oder Waldkauz. Vögel mausern ihr Gefieder, sodass man am Boden häufig Federn finden kann.

Farne – Waldpflanzen aus der Urzeit

Es gibt kaum einen Wald, in dem keine Farne wachsen. Je nach Jahreszeit und Größe sind sie zwischen den anderen Waldpflanzen mehr oder weniger gut zu erkennen. Die kleinsten Arten sind nur wenige Zentimeter groß, andere werden bis zu 3 Meter hoch.

Im Frühling fallen auf dem Waldboden die jungen Farne mit ihren speziellen Formen auf. Weil am Anfang die Blattunterseite stärker wächst als die Oberseite, sind die jungen Farnwedel an der Spitze wie ein Bischofsstab eingerollt. Mit zunehmendem Wachstum entrollen sie sich von unten nach oben. Die empfindliche Spitze wird zuletzt ausgebreitet. Im Sommer setzen die Farne mit ihren ausgebreiteten Wedeln dekorative Akzente, während sie sich im Herbst schließlich verfärben und danach absterben. Einige Arten wie Rippenfarn *(Bechum spicant)* und Hirschzunge *(Asplenium scolopendrium)* bleiben jedoch grün und sorgen auch im kahlen **Winterwald** für grüne Farbtupfer. Ihre Wedel überwintern und sterben erst ab, wenn im Frühling die neuen Wedel nachwachsen.

167← «Einleitung Winter»

Im Frühling fallen die jungen Farne mit ihren speziellen Formen auf.

Urwaldpflanze

Vor etwa 300 Millionen Jahren, im Zeitalter des Karbons, bedeckten sumpfige Urwälder mit hochstämmigen Schachtelhalmen, Bärlappen und **Farnen** das Festland. Heute werden die Reste dieser Wälder als Steinkohle gefördert. In diesen Steinkohleflözen sind versteinerte Teile der damals vorkommenden Pflanzen konserviert. Man hat deshalb eine recht gute Vorstellung davon, wie die Karbon-Wälder ausgesehen haben. Einige wenige Pflanzenarten aus dieser Zeit haben bis heute überlebt. Diese Farne, Schachtelhalme und Bärlappe sind also gewissermaßen lebendige Zeugen der Urzeit.

→ Farne

Fortpflanzung

Verglichen mit den anderen heute lebenden Pflanzen, haben Farne eine sehr urtümliche Lebensweise. Kein Wunder, sind sie doch Urzeitrelikte, die schon seit Millionen von Jahren die Erde bewachsen und sich seither kaum mehr verändert haben. Sie sind zwar wie die Samenpflanzen aus Spross und Wurzeln aufgebaut, besitzen Leitbahnen für den Wassertransport und Chlorophyll (Blattgrün) in ihren Wedeln für die Fotosynthese (Stoffaufbau), doch blühen sie nie und vermehren sich nicht mit Samen, sondern mit **Sporen**.

→156 «Pilze»

Ein junger Wedel des Adlerfarns *(Pteridium aqulinium)* beim Entrollen

Oben: Riesen-Schachtelhalm *(Equisetum telmateia)* wächst in feuchten Wäldern.

Mitte: Nahansicht eines Acker-Schachtelhalms *(Equisetum arvense)*
Unten: Der Wald-Bärlapp *(Lycopodium annotinum)* ist eine Art aus der Urzeit.

Wenn Sie einen Farnwedel umdrehen, so erkennen Sie auf der Unterseite kleine Sporenkapseln (Sporangien), in denen die Sporen reifen. Mehrere solcher Sporenkapseln sind zu Häufchen (Sori) angeordnet. Je nach Farnart sehen sie rundlich oder strichförmig aus. Sie dienen als wichtiges Bestimmungsmerkmal, um verschiedene Farnarten voneinander zu unterscheiden. Meist sind diese Sori mit einem Häutchen (Indusium) geschützt, das im Verlaufe des Sommers vertrocknet. Bei den meisten Farnarten reifen die Sporen zwischen Juli und November. Bei trockenem Wetter reißen die Sporenkapseln schließlich auf. Dabei werden Milliarden von Sporen in die Umgebung geschleudert und vom Wind verweht. Wenn die Bedingungen schattig, feucht und damit günstig sind, so keimen die Sporen.

Zunächst wächst der Vorkeim (Prothallium). Dieser ist meist nur wenige Millimeter groß. Aus ihm entwickeln sich die weiblichen und männlichen Geschlechtsorgane der Pflanze. In den Ersteren reifen die Eizellen, in den Letzteren entstehen die begeißelten Geschlechtszellen. Die Geschlechtszellen können die Eizellen in den weiblichen Geschlechtsorganen nur schwimmend erreichen, benötigen also Wasser. Dies erklärt, warum die meisten Farnarten an nassen und schattigen Standorten wachsen. Wird eine Eizelle befruchtet, so entwickelt sich daraus eine neue Farnpflanze, die auf ihren Blattunterseiten wieder Sporenkapseln bildet, und der Fortpflanzungsprozess beginnt von Neuem. Man nennt die Fortpflanzungsart der Farne auch «Generationenwechsel», weil sich dabei eine geschlechtliche Generation (Vorkeim mit männlichen und weiblichen Geschlechtsorganen) und eine ungeschlechtliche Generation (Farnpflanze mit Sporenkapseln) abwechseln.

Die dunklen Punkte auf der Unterseite des Farnwedels sind Häufchen von Sporenkapseln (Sporangien).

Drei Farnarten, die häufig zu finden sind

Adlerfarn *(Pteridium aquilinum)*

Der Adlerfarn wird 1 bis 3 Meter hoch und ist damit die größte europäische Farnart. Er wächst in lichten Wäldern auf eher sauren Böden bis auf etwa 1700 m ü. M. Nach Holzschlag wächst er oft flächendeckend und verhindert damit das Nachwachsen von jungen Bäumen. Sie verfärben sich im Herbst gelbbraun und sterben schließlich ab. Der mehrjährige Wurzelstock treibt jedes Jahr nur einen einzigen Wedel aus. Wenn Sie einen Adlerfarnstängel im unteren Teil durchschneiden, so wissen Sie, wie er zu seinem Namen gekommen ist: Seine Leitbündel, in denen Wasser und Nährstoffe transportiert werden, sehen aus wie ein Doppeladler.

Rippenfarn *(Blechnum spicant)*

Der Rippenfarn wächst in schattigen Nadelwäldern auf saurem Boden bis zur Waldgrenze. Er ist einer der wenigen einheimischen Farne mit zwei Wedeltypen: Dunkelgrüne, glänzende Wedel, die am Boden anliegen und grün überwintern, und sporentragende Wedel, die – einer Wirbelsäule ähnlich – aufrecht in die Höhe wachsen. Auf der Rückseite dieser sommergrünen Wedel sind die Sporenkapseln in langen Reihen angeordnet.

Echter Wurmfarn *(Dryopteris filix-mas)*

Der Echte Wurmfarn wächst in krautreichen Wäldern auf Böden aller Art bis zur Waldgrenze und ist weit verbreitet. Seine Wedel werden bis 120 cm lang und sind dicht mit hellbraunen Spreuschuppen bewachsen. Seine Wedel verdorren im Herbst, doch der mehrjährige Wurzelstock treibt mehrere Jahre aus. Dabei bildet sich mit der Zeit eine dekorative Rosette. Es gibt viele ähnlich aussehende Wurmfarnarten.

Oben: Adlerfarn *(Pteridium aquilinium)*
Mitte: Rippenfarn *(Blechum spicant)*
Unten: Wurmfarn *(Dryopteris filix-mas)*

Beobachtungstipps

- Schauen Sie sich einen Farnwedel von Nahem oder mit einer Lupe an und versuchen Sie, die einzelnen Sporenkapseln in den Häufchen (Sori), die zarten Häutchen (Indusium) sowie die feinen Leitbahnen, die sich bis in die Spitzen der Fiederchen ziehen, zu finden.

- Halten Sie ein Stück Farnwedel mit braunen Sporenkapseln unter eine wärmende Lampe und beobachten Sie, wie die aufgewärmten Sporenkapseln nach wenigen Sekunden aufreißen und die Sporen als dunkles Pulver herausstäuben.

- Schütteln Sie einen Farnwedel mit reifen Sporenkapseln über einen Topf mit Erde. Halten Sie die Erde daraufhin immer feucht – vielleicht gelingt es Ihnen, die Sporen zum Keimen zu bringen und das Wachstum eines Vorkeims zu beobachten.

Fragen

- Womit vermehren sich Farne?
- In welchem Erdzeitalter wuchsen Urwälder mit baumhohen Farnen?

187← Antworten

Waldameisen – Hüterinnen des Waldes

Oft sind Begegnungen mit Waldameisen eher unangenehm; beispielsweise dann, wenn sie über Ihr Sandwich krabbeln oder Ihre Haut mit Ameisensäure reizen. Doch wenn man mehr über die Lebensweise dieser Tiere, ihre Millionenstaaten und ihre Bedeutung für den Wald weiß, so kann man sich der Faszination für diese Tiere kaum entziehen.

Ameisen gehören wie die **Farne** zu den alten Bewohnern der Erde: Sie sind schon seit mehr als 130 Millionen Jahren präsent. Heute sind weltweit etwa 12 500 Ameisenarten bekannt, wobei es noch viele unbekannte Arten geben dürfte. Unter dem Begriff «Waldameisen» werden in Mitteleuropa etwa sieben Arten zusammengefasst. Sie sind unterschiedlich verbreitet und haben unterschiedliche Ansprüche an ihren Lebensraum. Waldameisen kommen in Europa vom **Tiefland bis ins Hochgebirge** vor. Lichte Nadel- oder Mischwälder mit naturnaher Bewirtschaftung und strukturreiche, sonnige Waldränder sind ihre bevorzugten Lebensräume.

→80 «Farne»

→23 «Höhenstufen»

Eine einzelne Ameise ist nicht überlebensfähig, sie benötigt einen Staat.

Ameisenhaufen

Alle Waldameisenarten bauen kunstvolle Haufen, die an sonnigen Standorten eher niedrig und flach sind, an schattigeren, feuchten Standorten hingegen größer und gewölbter. Als Baumaterial werden Baumnadeln, Knospen, Holzstückchen, Harzteilchen, Moos, Flechten usw. verwendet. Mittelpunkt des Baus ist oft ein Baumstrunk.

Es ist nur der oberirdische Teil des Baus zu sehen. Der unterirdische reicht bis zu zwei Meter tief in den Untergrund und ist oft breiter als die äußere Kuppel. Im Innern sind Korridore, Gewölbe und Kammern angelegt. An der Oberfläche sind Öffnungen sichtbar, die bei heißem Wetter vergrößert werden, um das Nest zu durchlüften. Bei Regen und Kälte werden sie verschlossen. Der oberirdische Teil des Ameisenhaufens dient mit seinen idealen Feuchtigkeits- und Temperaturbedingungen als Schutz und Brutraum. Im unterirdischen Teil liegen die Eikammern.

Manchmal sieht man deutliche Schäden an den Haufen. Diese können von ameisenfressenden Vögeln verursacht worden sein oder auch von Dachsen *(Meles meles)* oder Füchsen *(Vulpes vulpes)*, die auf der Suche nach den begehrten Larven des

Ameisenhaufen

Rosenkäfers *(Cetonia aurata)* den Ameisenbau durchwühlen. **Waldameisen** versprühen zur Abwehr gegen Feinde ihre starke Ameisensäure aus der Giftblase am Hinterleib, die für andere Insekten und viele Kleintiere tödlich ist. Vögel hingegen «baden» gerne in Ameisenhaufen. Sie lassen sich dabei mit Ameisensäure besprühen und können so die Milben und anderes Ungeziefer in ihrem Gefieder abtöten.

→ 104 «Kleiner Geweihträger»

→ Waldameisen

Bei günstigen Bedingungen vermehrt sich ein Ameisenvolk sehr rasch und bildet im Abstand von ca. 20 Metern Tochternester. Die Bewohnerinnen der Tochternester bleiben untereinander und mit der Mutterkolonie in Verbindung: Sie tauschen Brut, Arbeiterinnen oder sogar Königinnen aus. Wahrscheinlich stehen alle Ameisennester eines Waldes in Verbindung miteinander und bilden zusammen eine Superkolonie. Dabei sind die einzelnen Haufen nicht nur mit oberirdischen Straßen, sondern auch mit unterirdischen Gängen miteinander verbunden.

Wie bei einem Eisberg sehen wir auch vom Ameisenhaufen stets nur einen Teil. Die vielen Kammern und Gänge befinden sich nicht nur im Haufen selbst, sondern auch tief im Boden.

Mitbewohner

Im Innern eines Ameisenhaufens tummeln sich nicht nur Ameisen. Oft leben Käferlarven, z. B. von Rosenkäfern *(Cetonia aurata)* im Bau. Diese verschiedenen Arten lassen sich während ihrer Entwicklung zum ausgewachsenen Insekt von den Waldameisen umsorgen. Dies wird meistens durch die Abgabe von bestimmten Stoffen erreicht. Die Larven des **Vierpunktkäfers** fressen während ihrer Zeit im **Ameisenbau** sogar die Brut der Gastgeber.

70← «Entwicklungshilfe von Ameisen»

Fakten zum Ameisenhaufen

- In einem Ameisenhaufen leben etwa 1 Million Waldameisen, die alle zusammen nur etwa 7 kg schwer sind.
- Eine Ameise wiegt 7/1000 – 10/1000 Gramm und kann etwa das 60-fache ihres Körpergewichts tragen. Dies würde für einen 60 kg schweren Menschen einer Last von 3600 kg entsprechen!

Rosenkäfer *(Cetonia aurata)*

Geschützte Schädlingsbekämpfer

Alle Waldameisen sind in Mitteleuropa geschützt: Es ist verboten, sie zu fangen, zu töten oder sie in irgendeiner Weise zu stören. Auch ihre Bauten dürfen nicht beschädigt werden. Der Bestand an Waldameisen ist in Europa leider stark zurückgegangen. Die Hauptgründe dafür sind intensive Forstwirtschaft, der Bau von Waldstraßen, Sturmschäden oder Störungen durch den Menschen. Wird ein Ameisenbau beschädigt, so stört dies den Temperaturhaushalt in dessen Innern. Dadurch kann die Brut vernichtet werden, was unter Umständen zum Absterben eines gesamten Volkes führen kann.

Waldameisen sind für den Wald als Schädlingsbekämpfer sehr wichtig: Ein Ameisenvolk vertilgt riesige Mengen von Borkenkäfern und anderen Forstinsekten, die bei größerem Vorkommen Schäden anrichten. Gleichzeitig sind Waldameisen eine wichtige Nahrungsgrundlage für Dachs, Grün- und Bunt**specht** sowie für mehr als zwanzig weitere Vogelarten. Außerdem durchlüften sie mit ihrer Bautätigkeit den Boden, verbreiten die Samen von zahlreichen Waldpflanzen und tragen damit zur Artenvielfalt bei. Waldameisen helfen auch bei der Zersetzung von Laub und Holz und beschleunigen damit die Humusbildung im Waldboden.

→ Spechte
→46 «Spechte»

Die Samen vieler Pflanzen haben ein nährstoffreiches Anhängsel (Elaiosom), das von Ameisen gerne gefressen wird. Dabei transportieren sie die Samen von der Mutterpflanze weg und verbreiten die Art. Etwa 154 mitteleuropäische Pflanzenarten werden so verbreitet. Zum Beispiel: Stinkende Nieswurz (l.) **Sauerklee** (Mitte) Goldnessel (rechts)

55← Kasten: «Der Schattenspezialist»

Nützliche Allesfresser

← Ameisen auf Beutezug

Waldameisen sind Allesfresser. Am liebsten ernähren sie sich aber von Honigtau, den Blattläuse und andere pflanzensaftsaugende Insekten ausscheiden. Zusätzlich fressen sie Pflanzensäfte, Samenanhängsel (Elaiosome) und Pilze. Die erbeuteten Insekten und Spinnen liefern die proteinreiche Nahrung für die Aufzucht der Brut. Die Futtersuche erfolgt vor allem am Nachmittag, aber nur wenn es wärmer als 9°C ist. Ameisen gehen einzeln auf die Jagd, können aber mit Hilfe von Duftstoffen Artgenossinnen herbeiholen, wenn sie eine Beute nicht alleine überwältigen können oder Unterstützung beim Transport benötigen.

Fakten zum Ameisenhunger

Das Volk eines durchschnittlichen Ameisenbaus mit etwa einer Million Ameisen frisst anteilmäßig etwa Folgendes pro Jahr:

62 %	Honigtau (etwa 200 Liter)
33 %	Insekten (etwa 10 Millionen Insekten oder 28 kg)
4,5 %	Pflanzensäfte
0,5 %	Aas, Pilze, Samenanhängsel

Kommunikation

Ameisen verständigen sich mit den Fühlern und mit zahlreichen Duftstoffen. Sie besitzen acht Drüsen in denen die chemischen Substanzen zur Verständigung produziert werden. Die Fühler der Ameisen enthalten Tausende von Sinneszellen. Damit können sie Duftstoffe wahrnehmen, Temperaturunterschiede und Luftströmungen messen sowie ihre Mitbewohnerinnen im Bau durch Tasten erkennen. Auch der Sehsinn der Waldameisen ist gut entwickelt. Sie besitzen drei kleine Stirnaugen, mit denen sie Helligkeitsunterschiede wahrnehmen, sowie zwei Facettenaugen. Jedes dieser Facettenaugen besteht aus etwa 750 stabförmigen Einzelaugen, den Facetten.

Mit Duftstoffen sind auch die Ameisenstraßen markiert, die vom Bau in den Wald hinaus führen. Die Waldameisen orientieren sich nicht nur an Duftmarkierungen, sondern auch am Stand der Sonne und an auffälligen Wegmarken wie bestimmten Pflanzen, herumliegenden Tannzapfen, Steinen usw.

Ameisenjahr

Im Frühling legen die Königinnen befruchtete und unbefruchtete Eier. Aus den befruchteten schlüpfen die Ameisenweibchen, aus den unbefruchteten, die Ameisenmännchen. Königinnen wiederum entstehen nur aus Larven, die mit einem speziellen Futtersekret – der «Ameisenmilch» – gefüttert werden.

Etwa fünf Wochen nach der Eiablage erscheinen je nach Waldameisenart zwischen Mai und Juli die geflügelten Männchen und jungen Königinnen auf der Nestoberfläche. Gemeinsam schwärmen sie zu einem Hochzeitsflug aus, auf dem die Begattung der Weibchen erfolgt. Der dabei erhaltene Samenvorrat reicht für das ganze Leben der Königin. Die Männchen sterben hingegen kurz nach dem Hochzeitsflug. Die Königinnen werfen ihre Flügel an Sollbruchstellen ab und suchen einen neuen Bau oder schließen sich einem schon bestehenden an.

Brutpflege der Ameisen

Im Sommer legen die Königinnen nur befruchtete Eier. Zunächst als Larven, später dann als Puppen werden sie **von den ausgewachsenen Arbeiterinnen** gepflegt und umsorgt. Bei sonnigem Wetter werden sie an die Oberfläche getragen und abends wieder in die Schlafkammern zurückgebracht. Auch das Nestmaterial wird ständig umgelagert, ersetzt oder ergänzt. Feuchtes Material wird zum Trocknen an die Sonne gebracht. Auf diese Weise verhindern die Waldameisen, dass ihr Haufen zu schimmeln beginnt.

Ende September schlüpfen die letzten Arbeiterinnen. Abfälle werden nun weggetragen, Eingänge verkleinert oder ganz verschlossen. Etwa ab Ende November verfallen die Waldameisen in einen Starrezustand und überwintern im unterirdisch gelegenen Teil ihres Baus, der vor Frost geschützt ist. Alle Waldameisen, die überwintern, sind Arbeiterinnen oder Königinnen. Weil die Königin bereits im Spätsommer keine Eier mehr legt, gibt es keine Brut im Winter. Männchen leben entsprechend nur im Frühling. Je nach Standort kommen die Ameisen bereits im Februar wieder hervor und tanken Sonne auf der Oberfläche ihres Baus. Dabei nimmt ihr Körper Wärme auf, die sie im Innern wieder abgeben, und auf diese Weise heizen sie ihren Bau wieder auf. Auch die Königinnen sind nun an der Nestoberfläche. Die übrige Zeit des Jahres verbringen sie hingegen in den tieferen Schichten. Nach etwa zwei Wochen kann die Innentemperatur des Ameinsenhaufens bereits wieder 23 °C bis 32 °C warm sein.

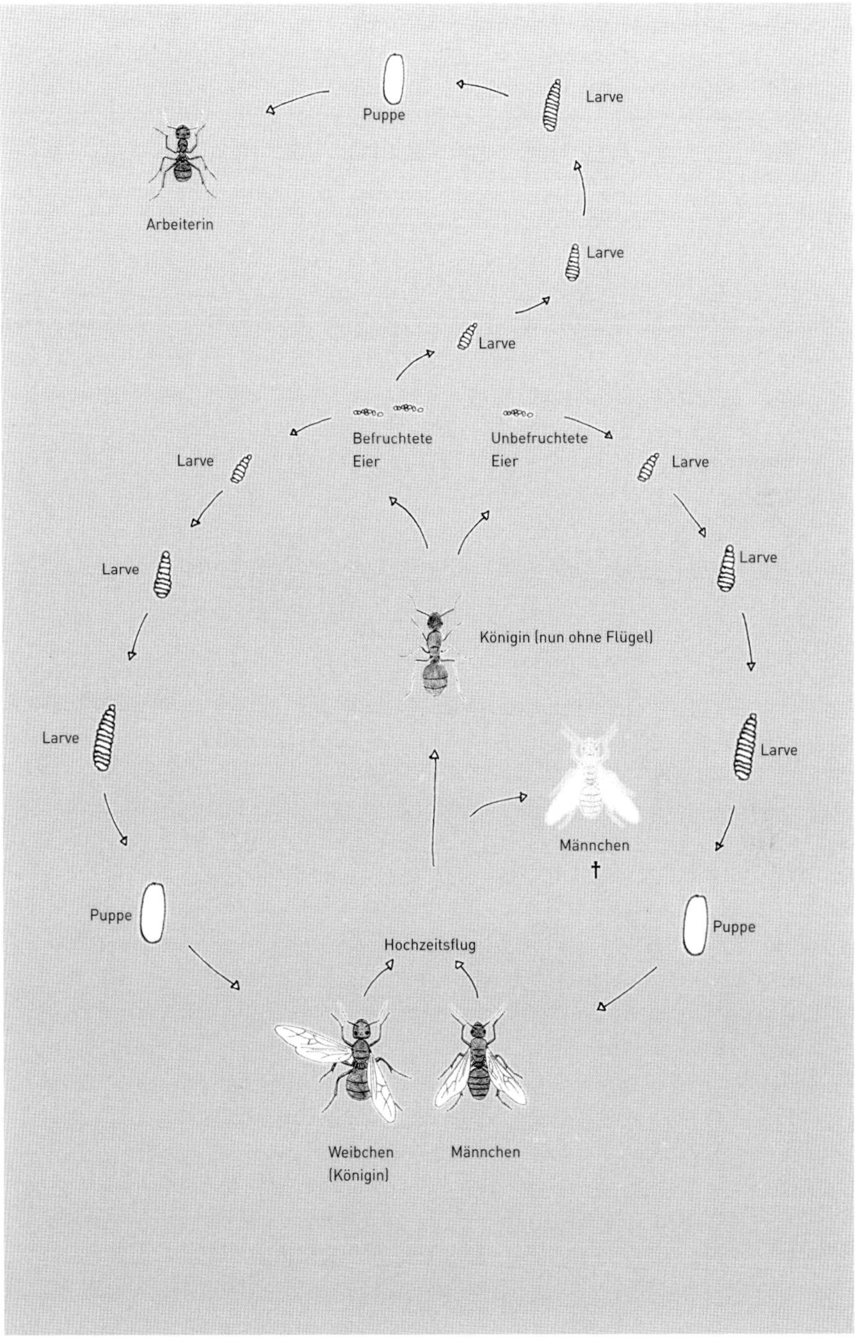

Der Entwicklungszyklus der Waldameisen. Nur die Larven aus befruchteten Eiern, die von den Arbeiterinnen ein spezielles Unterlippendrüsensekret erhalten, entwickeln sich zu Königinnen.

Leben im Staat der Ameisen

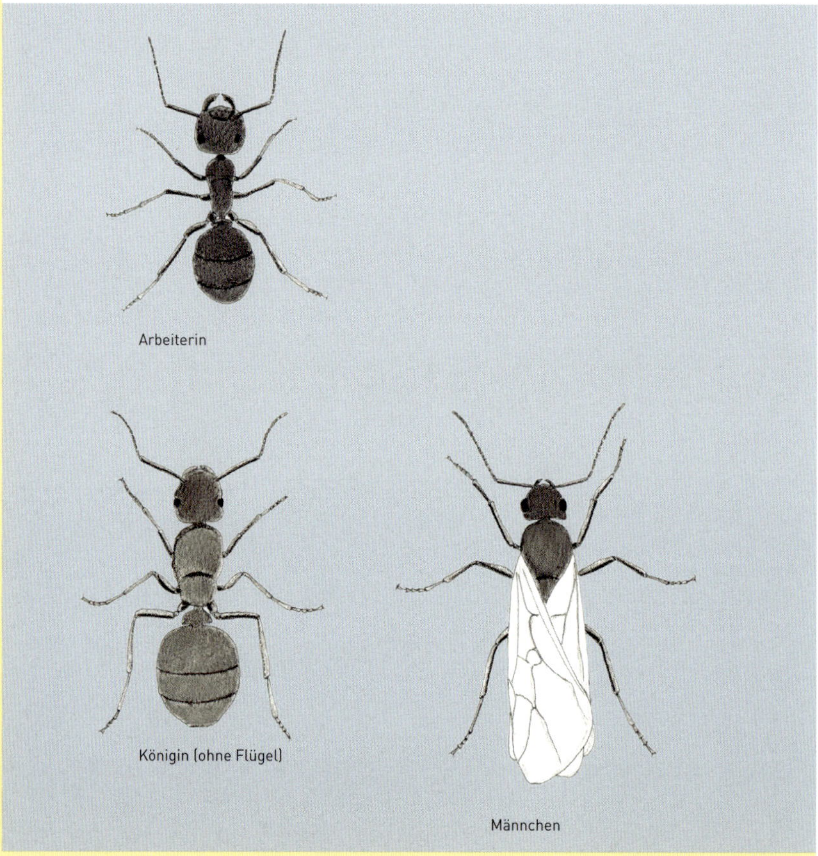

An der Spitze des Ameisenstaats stehen eine oder mehrere **Königinnen**. Sie sind etwas größer als die Arbeiterinnen. Ihre einzige Aufgabe ist das Eierlegen; sie übernehmen keine anderen Arbeiten. Eine Ameisenkönigin kann bis 25 Jahre alt werden und erreicht damit ein für Insekten sehr hohes Alter. **Arbeiterinnen** bilden die große Mehrheit im Ameisenstaat. Sie haben keine Flügel und können sich nicht fortpflanzen. Sie verrichten alle möglichen Arbeiten: Sie bauen und verteidigen das Nest, füttern die Königinnen und die Brut, suchen Nahrung usw. Junge Arbeiterinnen arbeiten innerhalb des Baus, ältere außerhalb. Sie werden etwa 6 Jahre alt. **Männchen** leben nur wenige Wochen vom Frühling bis in den Frühsommer. Sie tragen Flügel.

Königin, Arbeiterinnen, Männchen

Beobachtungstipps

- Beobachten Sie das Treiben der Ameisen auf der Oberfläche ihres Baus. Versuchen Sie Öffnungen zu sehen oder Larven und Eier, die zum Trocknen an die Sonne getragen werden.
- Gehen Sie einer Ameisenstraße entlang, die vom Bau in den Wald führt, bis Sie die Straße nicht mehr sehen können.
- Versuchen Sie einer Arbeiterin zu folgen und zu beobachten, was sie alles macht.

Fragen

- Warum verwenden Waldameisen keine Blätter zum Bau ihres Haufens?
- Wie verständigen sich Ameisen?
- Was fressen Waldameisen am meisten?

Antworten →187

Jäger am seidenen Faden

Krabbenspinne

Im Wald findet man auf kleinem Raum viele unterschiedliche Lebensräume für kleine Tiere. Entsprechend groß ist auch die Vielfalt an Spinnen. Unter der Rinde abgestorbener Bäume, in der Streuschicht, auf den Blättern – überall und zu jeder Jahreszeit kann man **Spinnen** finden. Besonders vielfältig ist die Spinnenfauna dort, wo ganz unterschiedliche Lebensraumtypen aufeinandertreffen. So lassen sich zum Beispiel an Waldrändern sowohl Wald- als auch Wiesenarten finden.

Körperbau

Spinnen werden immer wieder irrtümlicherweise zu den Insekten gezählt. Sie besitzen aber einige Merkmale, die sie eindeutig von den Insekten unterscheiden. Der Spinnenkörper ist nicht dreigliedrig wie bei den Insekten, sondern besteht aus einem Vorder- und einem Hinterkörper. Beide Körperteile sind durch eine deutliche Einschnürung voneinander getrennt. Neben den acht Beinen besitzen die Spinnen noch zwei weitere Extremitätenpaare. Das erste Paar bilden die sogenannten Cheliceren. Dies sind die Klauen, mit denen die Spinne ihre Beute packt und mit denen sie ihr Gift einspritzt. Das zweite Extremitätenpaar bilden die Taster, die sogenannten Pedipalpen. Diese sind bei den Männchen zu Begattungsorganen umgewandelt. Am Hinterleib der Spinnen befinden sich nur stark abgewandelte Abkömmlinge von Extremitäten. Dies sind einerseits Tracheen, die Atemorgane, und andererseits die Spinnwarzen mit den Spinndrüsen. Mit diesen Spinnwarzen wird die Spinnenseide produziert.

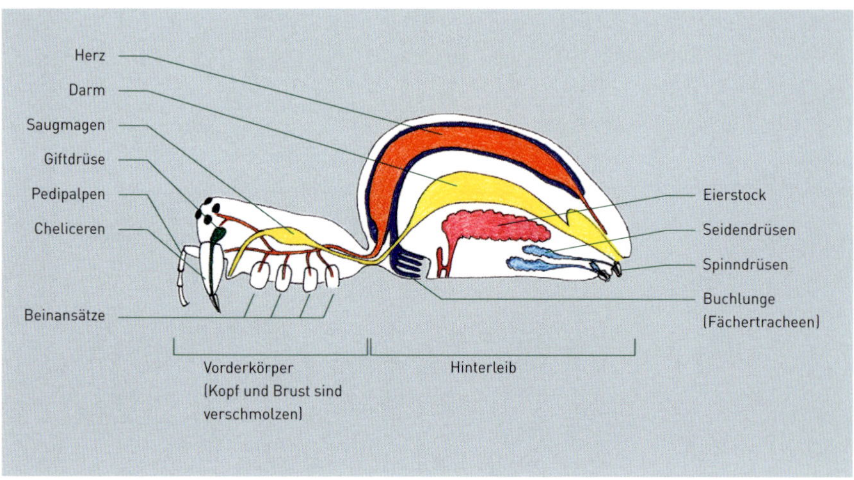

Oben: Körperbau der Spinne. Das Nervensystem ist in diesem Modell nicht eingezeichnet.

Rechte Seite: Veränderliche Krabbenspinne *(Misumena vatia)*

Jagdstrategien

Hört man das Wort «Spinne», denkt man fast sofort an ein Fangnetz. Es gibt aber auch viele Spinnenarten, die ihre Beute ohne ein Fangnetz jagen. **Wolfspinnen** (*Lycosidae* sp.)und Springspinnen (*Salticidae* sp.) besitzen zum Beispiel einen leistungsfähigen Sehsinn, der ihnen die Jagd auf sich frei bewegende Beutetiere ermöglicht. Sie benötigen daher kein Netz. Sie pirschen sich an die Beute an und überwältigen diese durch einen blitzschnellen Zugriff. Wie alle Spinnen sind aber auch die frei jagenden Arten praktisch immer mit einem Faden aus ihren Spinndrüsen gesichert.

→103 Kasten «Beobachtungstipps»

Neben den frei jagenden Arten gibt es auch noch die Ansitzjäger. Dazu gehören die Krabbenspinnen (*Thomisidae* sp.). Sie lauern auf verschiedenen Blüten bis sich ein ahnungsloser Blütenbesucher nähert, und packen dann schnell zu. Damit sie optimal getarnt sind, können die Krabbenspinnen ihre Körperfärbung weitgehend der Farbe ihrer Blüte anpassen.

Der größte Teil der heimischen **Spinnen** baut zum Beuteerwerb jedoch Netze. Einige davon verwenden ihre Netze aber nur zum Weiterleiten von Bewegungsinformationen: Die Beute bleibt bei ihnen nicht im Netz hängen, sondern verrät der Spinne nur, wo sie sich befindet. Tapezierspinnen bauen sogar eine Röhre aus einem Gespinst. Diese Röhre wird mit Partikeln aus der Umgebung gut getarnt. Die Spinne kann dann aus dem Innern die ahnungslosen Opfer, welche die Röhre überqueren, mit ihren Cheliceren ergreifen.

→103 Kasten «Spinnenseide»

Bei den klassischen Fangnetzen gibt es zwei unterschiedliche Typen von Fangfäden: einerseits Fäden, die mit einer klebenden Substanz versehen sind, und andererseits Fangfäden, die von einer sehr feinen gekräuselten Fadenwolle umgeben sind. Spinnen des ersten Typs werden als Klebefadenweberinnen bezeichnet, Letztere als Kräuselfadenweberinnen. In den feinen Kräuselfäden verhaken sich die beborsteten Insektenbeine sehr schnell. Dieser Netztyp hat auch den Vorteil, dass die Fangfäden nicht austrocknen können und daher auch nicht ständig ersetzt werden müssen.

Bei den Formen der Fangnetze lassen sich grob drei Typen unterscheiden: das Baldachinnetz, das Trichternetz und das Radnetz.

Trichternetz: Die Spinne hält sich in einer engen Gespinnströhre auf, von wo sich ein trichterförmiger Teppich zu einem flächigen Gewebe ausdehnt. **Radnetz:** Bei diesem Netztyp sitzt die Spinne oft mitten im Netz. Es besteht aus einem Rahmen und Radialfäden, die im Zentrum zusammenlaufen. Über diese Radialfäden wird die eigentliche Fangspirale gelegt.

Oben: **Baldachinnetz:** Die Spinne hält sich unter dem waagrechten engmaschigen Baldachin auf. Die nach oben führenden Fäden lassen Fluginsekten auf den Baldachin stürzen, wo sie von der Spinne ergriffen werden.

Unten: Die Jungspinnen dieser Wolfspinne haben gerade erst den weißen Kokon verlassen und sind auf den Hinterleib der Mutterspinne gklettert.

Fortpflanzung

Die Fortpflanzung ist für die Spinnenmännchen oftmals eine gefährliche Angelegenheit: Es kommt immer wieder vor, dass die meistens deutlich größeren Weibchen die Männchen mit einer Beute verwechseln. Es gibt aber auch Spinnenarten, bei denen die Paarung ohne Risiko für das Männchen abläuft. Dies ist bei verschiedenen Springspinnen (*Salticidae* sp.), Krabbenspinnen (*Thomisidae* sp.) und Wolfspinnen (*Lycosidae* sp.) der Fall. Einige Wochen nach der Befruchtung beginnt das Weibchen mit der Eiablage. Die Eier werden dann in einen Kokon aus Spinnfäden eingewoben. Bei vielen Spinnenarten verbringen die Jungspinnen den Winter geschützt in diesem Kokon. Gewisse Arten (z. B. die Wolfspinnen) betreiben sogar eine Art Brutpflege: Zuerst wird der Kokon vom Weibchen mitgetragen. Nach dem Schlüpfen der Jungspinnen klettern diese auf den Rücken der Mutter und werden so bis zu deren nächster Häutung mitgetragen.

Spinnenfeinde

38← «Vögel des Waldes»

Spinnen sind einerseits sehr gute Jäger, andererseits aber auch Beute für verschiedene andere Tierarten. Besonders die **Singvögel** jagen gerne Spinnen. Aber auch unter den Insekten gibt es Arten, die sich auf die Jagd nach Spinnen spezialisiert haben. Die Wegwespen zum Beispiel fangen als Nahrung für ihre Larven ausschließlich Spinnen. Dabei werden große Spinnen von den deutlich kleineren Wespen durch einen lähmenden Stich überwältigt und in das Bodennest geschleppt. Es gibt auch Grabwespen, Schlupfwespen und bestimmte Fliegenarten, die auf Spinnen spezialisiert sind.

Streckerspinne *(Tetragnatha extensa)*

Spinnenseide

Die Spinnenseide besteht aus langkettigen, parallel ausgerichteten Proteinen (Eiweißmolekülen), die miteinander quervernetzt sind. Ein Faden besteht normalerweise aus mehreren Einzelfäden. Diese werden je nach Verwendungszweck in unterschiedlichen Durchmessern und Zusammensetzungen produziert. Der fertige Faden bekommt dadurch ganz außerordentliche Eigenschaften. Er ist bezogen auf sein Gewicht belastbarer als Stahl und kann dabei auf das Dreifache der normalen Länge gedehnt werden, ohne dass er reißt. Die hohe Zugfestigkeit bei großer Elastizität ist erforderlich, um zum Beispiel große fliegende Insekten auffangen zu können.

Beobachtungstipps

› Das Schöne an den Spinnen ist, dass es eigentlich fast immer etwas zu entdecken und beobachten gibt. Begeben Sie sich zum Beispiel an einem Waldrand auf Spinnenexkursion: Wo finden Sie überall Spinnen? Welchen Netztyp benutzen sie? Nutzen sie überhaupt Netze, oder haben Sie frei jagende Spinnen vor sich?

› Mit Glück können Sie den Balztanz einer männlichen **Wolfspinne** beobachten. Dabei «winkt» das Männchen mit seinen Pedipalpen, indem es sie abwechslungsweise hebt und senkt.

→ Wolfspinne

Fragen

› Welches sind die charakteristischen Merkmale von Spinnen?
› Weshalb besitzen auch frei jagende Spinnen Spinndrüsen?
› Wie sieht die Brutpflege bei den Wolfspinnen aus?

→187 Antworten

Kleiner Geweihträger, Buchdrucker und ihre unzähligen Verwandten

Aaskäfer, Bockkäfer, Borkenkäfer, Blattkäfer, Blatthornkäfer, Buntkäfer, Kurzflügler, Laufkäfer, Prachtkäfer, Rüsselkäfer, Sandlaufkäfer, Schröter, Schwimmkäfer und Wasserkäfer sind nur einige Familien aus der sehr artenreichen Ordnung der Käfer. Mit etwa 350 000 nachgewiesenen Arten weltweit sind sie unter allen mehrzelligen Organismen die artenreichste Gruppe, und jedes Jahr werden zahlreiche neue Arten entdeckt und beschrieben. Alleine in Mitteleuropa gibt es rund 8000 Käferarten. Obwohl viele davon sich sehr ähnlich sehen, gibt es auch unverkennbare, einzigartige Arten. Das bekannteste Beispiel hierfür ist wohl der waldbewohnende **Hirschkäfer**, bei dem die Männchen massiv vergrößerte, geweihartige Oberkiefer haben.

Hirschkäfer

Käfer gehören zu den holometabolen Insekten. Das heißt, dass sie in ihrer Entwicklung eine vollständige Metamorphose durchlaufen (Ei – Larve – Puppe – Imago). Ohne entsprechende Kenntnisse, kann man daher die Larve und den ausgewachsenen Käfer nicht ohne Weiteres ein und derselben Art zuordnen.

Rüsselkäfer (*Curcolionidae* sp.)

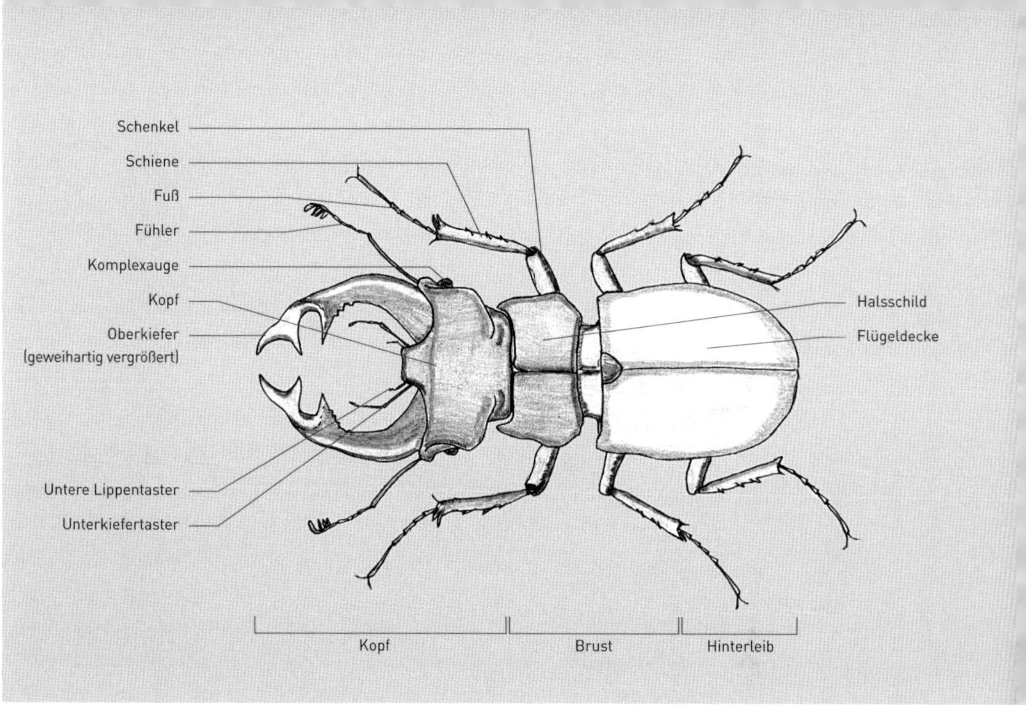

Körperbau

Käfer weisen die charakteristischen Merkmale aller Insekten auf: Sie besitzen einen dreiteiligen Körper, bestehend aus Kopf, Brust und Hinterleib. Am Kopf befinden sich die aus vielen Einzelaugen zusammengesetzten Facettenaugen, die je nach Art ganz unterschiedlich aussehenden Fühler sowie die Mundwerkzeuge. Der Brustteil besteht aus drei Segmenten mit je einem Beinpaar. Hier setzen auch die beiden Flügelpaare an. Betrachtet man aber die Bauchseite eines Käfers, so scheint da etwas nicht zu stimmen: Nur ein Beinpaar setzt unter dem Halsschild an, die beiden anderen hingegen liegen hinter dem Körpereinschnitt, also scheinbar am Hinterleib. Die Erklärung dafür liegt darin, dass bei den Käfern die Chitinplatten der Mittel- und Hinterbrust über den Ansatz des Hinterleibs hinausragen und daher zum Hinterleib gehörig scheinen. Da es zwischen erstem und zweitem Brustteil einen Einschnitt gibt, wird dieser Eindruck noch verstärkt.

Wie alle Insekten haben auch die Käfer ein formgebendes Exoskelett, welches aus einem Chitinpanzer besteht. Die Bewegungsmuskeln setzen daher nicht an Knochen im Innern der Tiere an, sondern an bestimmten Stellen des äußerlich sichtbaren Chitinpanzers. Dieser Panzer ist bei vielen Arten so kräftig entwickelt, dass diese oft etwas plump und schwerfällig wirken. Trotzdem können die meisten Käferarten fliegen, allerdings tun sie dies nicht ebenso elegant wie die Fliegen, Libellen und Wespen. Käfer besitzen auch einen ganz eigenen Flügelbau, der sie klar von

Schematisches Hirschkäfer-Männchen mit den geweihartig vergrößerten Oberkiefern anderen flugfähigen Insekten unterscheidet: Ihre Vorderflügel sind stark chitinisiert und dienen nur dem Schutz der darunter zusammengefalteten Hinterflügel. Meistens bedecken diese Deckflügel den gesamten Hinterleib und wirken wie ein Teil des Exoskeletts.

Einige Käferarten können auch Geräusche erzeugen. Zahlreiche Bockkäfer- und Blattkäferarten tun dies, indem sie Körperteile aneinanderreiben.

Ernährung

Käfer besiedeln fast alle Lebensräume der Erde. Entsprechend vielfältig sind auch ihre Nahrungsquellen: Unter den Käfern gibt es pflanzenfressende Arten, die sich von Blättern, Blütenpollen, Samen oder Holz ernähren, aber auch Räuber, die Gliederfüßler, Würmer, Schnecken sowie Kaulquappen und kleine Fische jagen (z. B. Laufkäfer, Kurzflügler und Schwimmkäfer). Schließlich gibt es auch Pilzfresser sowie **Mistkäfer** und **Aaskäfer**. Im Wald kommt jenen Arten eine besondere Bedeutung zu, die in irgendeiner Form auf Holz oder Totholz angewiesen sind. Dazu gehören zum Beispiel Arten, die in Rinden, Borken oder im Holz brüten, deren Larven **Holz fressen**, oder die in Bäumen, Strünken oder Totholz ihre Lebensräume gefunden haben.

124← «Wegwerfprodukte der Natur»

108← Kasten «Rindenbrüter und Holzbrüter»

Feinde und Verteidigungsstrategien

Käfer haben zahlreiche Feinde: insektenfressende Säugetiere (Maulwurf, Spitzmäuse und Igel), Vögel (**Spechte!**), Reptilien, Spinnen und zahlreiche Insektenarten. Zu ihren Feinden gehören aber auch Parasiten und Parasitoiden, welche die verschiedenen Entwicklungsstadien (Ei, Larve, Puppe und Imago) befallen. Und wie bei allen Lebewesen gibt es auch Viren, Bakterien und Pilze, die bei den Käfern Krankheiten auslösen.

46← «Spechte»

Die Käfer sind ihren Fressfeinden aber nicht immer völlig schutzlos ausgeliefert. Viele Arten setzen auf die Strategien der Tarnung und Warnung. Große Arten mit kräftigen Mundwerkzeugen (Mandibeln) versuchen sich auch aktiv zu verteidigen: Sie beißen mit ihren Mandibeln und spritzen dem Angreifer dabei Verdauungssäfte in den Körper. Andere Arten stellen sich tot und scheiden Tropfen giftiger und unangenehm riechender Körperflüssigkeit aus. Einige Fressfeinde lassen sich dadurch abschrecken. Eine interessante Strategie verfolgen auch die Schnellkäfer: Mit ihrem sogenannten Schnellmechanismus können sie aus der Rückenlage hochschnellen und damit den Angreifer erschrecken. Am spektakulärsten ist aber sicher die Methode der Bombardierkäfer (*Brachininae* sp.): Bei Gefahr können diese dem Angreifer ein reizendes, bis 100° C heißes Gasgemisch entgegenschleudern. Dabei werden die Ausgangsstoffe im Hinterleib gemischt, sodass es zu einer heftigen chemischen Reaktion kommt. Dieses unter hohem Druck stehende Gemisch wird dann aus dem Hinterleib geschossen. (Diese Käfer können allerdings nicht im Wald getroffen werden, da sie Bewohner des offenen Geländes sind.)

Unterschied Parasiten und Parasitoiden?

Parasiten sind Organismen, die einen Wirt befallen und sich von diesem ernähren. Der Wirtsorganismus wird dabei geschädigt, aber nicht gezielt getötet. Zum Tod des Wirts kommt es nur dann, wenn der Parasitenbefall zu stark wird. Beispiele für Parasiten sind gewisse Milbenarten.
Parasitoide sind Organismen, welche in ihrer Entwicklung parasitisch leben. Dabei dient der Wirt als Nahrungsquelle für die Larven. Der Befall durch Parasitoide endet für den Wirt immer tödlich. Die bekanntesten Vertreter unter den Parasitoiden sind die **Schlupfwespen**.

→162 «Stachel oder Bohrer?»

Spuren eines Spechts, auf der Suche nach Käferlarven

Rindenbrüter und Holzbrüter

In den Wäldern kann man überall Spuren von baumbewohnenden Käfern finden. Am bekanntesten und am meisten gefürchtet sind die relativ kleinen **Borkenkäfer**. Unter der Bezeichnung «Borkenkäfer» werden zahlreiche Arten zusammengefasst. Je nach dem, ob sich die Käfer zur Eiablage in die Rinde oder ins Holz bohren, unterscheidet man zwischen Rinden- oder Holzbrütern. Der bekannteste dieser Baumschädlinge ist wohl der fichtenbefallende, rindenbrütende Buchdrucker *(Ips typographus)*.

Typische Vertreter von holzbrütenden Käfern sind die Bockkäfer mit ihren langen Fühlern. Unter ihnen gibt es Arten, die lebendes Holz brauchen, und solche, die sich in Totholz oder kranken Bäumen entwickeln. Da viele Bockkäferarten ziemlich groß sind, hinterlassen sie beim Ausschlüpfen recht große Löcher. Die Entwicklungszeit ihrer Larven kann je nach Art mehrere Jahre dauern.

Borkenkäfer

Fraßbild eines Buchdruckers *(Ips typographus)*

Beobachtungstipp

Achten Sie sich bei Ihrem nächsten Waldspaziergang auf die Käfer, deren Anzahl, verschiedenen Farben, Größen, Formen etc. Ist diese Vielfalt nicht überwältigend?

Fragen

- Was versteht man unter «holometabolen Insekten»?
- Woran lassen sich Käfer von anderen, teilweise ähnlich aussehenden Insekten unterscheiden?

→187 Antworten

Der Veränderliche Widderbock *(Chlorophorus varius)*, eine Bockkäferart, die nur in warmen Gegenden zu finden ist.

Die Nacht – die Zeit der Ruhe?

Auch wenn in der Nacht die Stimmen der Singvögel fehlen, ist es im Wald keinesfalls ruhig und still: Zahlreiche Tierarten sind nun unterwegs und auf Nahrungssuche. Da der Wald von vielen Arten bewohnt wird, ist die Verlegung der aktiven Lebenszeit in die Nacht eine Möglichkeit, dem Konkurrenzdruck der anderen Arten auszuweichen. Er erlaubt es, dieselben Lebensräume zu nutzen, die tagsüber bereits von anderen Arten besetzt sind. Zu jenen Arten, die diese Strategie verfolgen, gehören die Eulen, Fledermäuse und Mäuse, aber auch **Dachs**, **Fuchs**, **Luchs**, Wildkatze, Igel und Marder.

← Dachs, Fuchs, Luchs

Da es in der Nacht meist dunkel und die Orientierung entsprechend schwierig ist, erfordert ein nachtaktives Leben besondere Sinnesleistungen. Bei den meisten nachtaktiven Tieren sind daher die Augen besonders lichtempfindlich und das Gehör sehr leistungsfähig. Bei Wildkatze *(Felis sylvestris)* und Luchs (Lynx lynx) sind

Wildkatze *(Felix silvestris)*

beispielsweise die Augen weit auseinanderliegend vorne am Kopf angeordnet. Dadurch haben sie eine große Überlappung des Sehfeldes und eine gute räumliche Wahrnehmung. Sie können folglich die Distanzen zu ihren Beutetieren sehr genau abschätzen. Eine wertvolle Fähigkeit bei der nächtlichen Jagd!

Besonders beeindruckend ist aber die Orientierungsstrategie der Fledermäuse. Sie stoßen ständig Ultraschalllaute aus, deren Schallwellen von ihrer Umgebung reflektiert und zurück zu ihren Ohren getragen werden. Die Fledermäuse erfahren so, wo sie sich im Raum befinden, wo Hindernisse und wo ihre Beutetiere sind. Da sich auch ihre Beutetiere ständig bewegen, müssen die Fledermäuse ihre Ultraschallortungen laufend wiederholen. Einige Nachtfalterarten haben aber auch Abwehrmaßnahmen entwickelt, welche die Jagd der Fledermäuse zusätzlich erschweren.

Auch ein guter Geruchssinn kann für das Leben in der Nacht wichtig sein. Das ist beispielsweise bei den Blütenbesuchern der Fall, die sich nicht an optischen Signalen orientieren können. Duft spielt aber auch bei der Suche nach Artgenossen und Fortpflanzungspartnern eine wichtige Rolle. Bei den Nachtfaltern signalisieren zum Beispiel die abgegebenen Sexuallockstoffe den Männchen die Position der Weibchen.

Viele nachtaktive Tiere verlassen sich auch auf den Tastsinn; man denke hier beispielsweise an die berührungsempfindlichen Tasthaare von Katzen, Füchsen und anderen Räubern.

Fledermaus auf der Jagd

Störsender

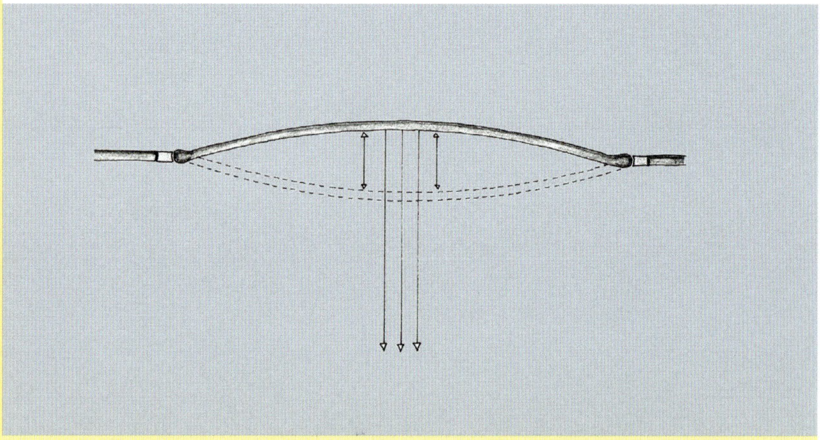

Bärenspinner (*Arctiinae* sp.) können über ihre sogenannten Tympanalorgane (Hörorgan bei Insekten) die Ultraschalllaute der Fledermäuse wahrnehmen. Nimmt ein Bärenspinner solche Ultraschalllaute wahr, so reagiert er mit abrupten, unvorhersehbaren Ausweichmanövern. Einige Bärenspinnerarten können selber auch Ultraschalllaute aussenden und damit das Ortungssystem der Fledermäuse irritieren. Sie tun dies mit ihrem Tymbalorgan (vgl. oben). Durch Muskelkraft wird eine «Platte» verformt. Diese springt dann wieder ohne Muskelkraft in ihre ursprüngliche Position zurück.

Typische Baumbewohner, wie beispielsweise das Eichhörnchen *(Sciurus vulgaris)*, können während der Nacht wahrscheinlich auch die gute Schallübertragung des Holzes als Schutz gegen Fressfeinde nutzen: Klettert nämlich ein Baummarder *(Martes martes)* auf der Suche nach Beute auf einen Baum, so verrät er sich frühzeitig durch die über den Stamm übertragenen Geräusche seiner Krallen auf dem Holz.

Schematische Darstellung eines Tymbalorgans (Trommelorgan).

Beobachtungstipps

- Besuchen Sie Ihren Wald in einer Vollmondnacht und versuchen Sie dabei, sich ohne künstliche Lichtquellen zu orientieren.
- Achten Sie auf alle Geräusche, die Sie in der Dunkelheit hören. Haben Sie eine Ahnung, von welchen Tieren diese stammen?
- Sind Sie an Fledermäusen interessiert, so können Sie im Fachhandel kleine Ultraschallempfänger (auch Fledermausdetektoren genannt) kaufen. Mit diesen Geräten lassen sich die Ortungsrufe der Fledermäuse hörbar machen.

Fragen

- Wo befinden sich die Augen am Kopf jener Tierarten, die auf ein gutes räumliches Sehen angewiesen sind? Und weshalb sind sie dort?
- Weshalb können sich Fledermäuse auch bei Dunkelheit gut orientieren?

→188
Antworten

Dachs *(Meles meles)*

Eulen – die Jäger der Nacht

Auch der Raufußkauz gehört zu den nächtlichen Sängern *(Aegolius funereus)*.

Nicht nur die Kinder empfinden den typischen Gesang des **Waldkauzes** *(Strix aluco)* als unheimlich und gespensterhaft. Er dient diesen nächtlichen Jägern dazu, ihr Revier zu markieren und Weibchen anzulocken. Anders als bei den **Singvögeln** singen bei den **Eulen** auch die Weibchen. In der Dämmerung oder in den ersten Nachtstunden kann man die Gesänge der Eulen besonders oft hören. Am intensivsten singen sie kurz vor der Eiablage.

→ →
Waldkauz

→38
«Vögel des Waldes»

Eulen sind bekannterweise hauptsächlich nacht- oder dämmerungsaktiv. Damit sie unter diesen erschwerten Bedingungen ihre Beutetiere orten und fangen können, besitzen sie verschiedene anatomische Besonderheiten. Da sind zum Beispiel die großen, nach vorne gerichteten Augen, welche vom eulentypischen «Gesichtsschleier» umgeben sind. Dieser Schleier besteht aus mehreren Reihen besonderer Federn, die eine sehr dichte Struktur bilden. Dadurch werden die **Schallwellen** verstärkt und zu den seitlich am Kopf liegenden Gehöröffnungen geleitet. Die Eulen nutzen ihr Gehör auch zur **Ortung ihrer Beutetiere**. Sie machen sich dabei den Umstand zunutze, dass die Geräusche der Beutetiere ihre beiden Ohren nicht zur exakt gleichen Zeit erreichen, und «berechnen» die Lage des Beutetieres aufgrund dieser Differenz. Einige Eulenarten besitzen auffallende «Federohren». Diese haben aber nichts mit dem Gehör zu tun. Vielmehr signalisieren sie ihren Artgenossen ihre Stimmung je nachdem, wie stark sie diese Federn aufrichten.

→110
«Die Nacht – die Zeit der Ruhe?»

Sehr wichtig ist für Eulen auch der Sehsinn. Da die meisten Arten sehr große Pupillenöffnungen haben, können sie auch bei Dunkelheit noch sehr viel Licht auf die Netzhaut bringen. Aufgrund dieser Tatsache sind Eulen den Menschen bei der Wahrnehmung von Hell-dunkel-Unterscheidungen und Bewegungen haushoch

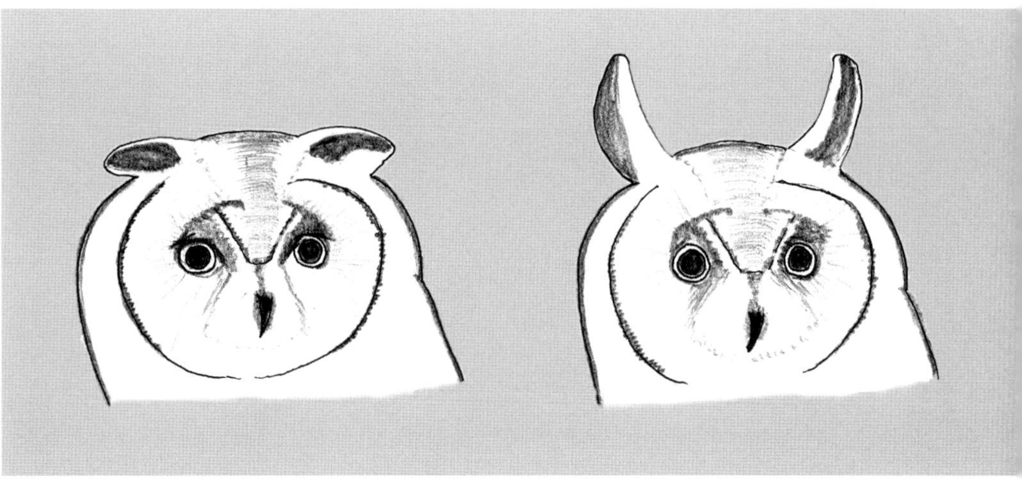

Gesenkte und aufgerichtete Federohren einer Eule

überlegen: Beim Menschen liegt die Wahrnehmungsgrenze bei etwa 0,001 Lux; bei der **Schleiereule** *(Tyto alba)* hingegen bei 0,00001 Lux!

← Schleiereule

Merkmale wie der Hakenschnabel, die scharfen Krallen und das oft braun gemusterte Federkleid erinnern daran, dass Eulen Raubtiere sind. Obwohl sie entfernt wie Greifvögel aussehen, sind sie mit diesen aber nicht näher verwandt. Ihre vergleichbare Lebensweise hat aber zu teilweise großen Ähnlichkeiten im Körperbau geführt.

Die meisten Eulenarten benutzen für die Fortpflanzung verlassene Nester anderer Vogelarten (meistens Greifvogel- oder Krähennester) oder legen die Eier in **Baumhöhlen**. Der Waldkauz und der Raufußkauz beispielsweise brüten in Baumhöhlen; die **Waldohreule** *(Asio otus)* hingegen bevorzugt Krähennester.

46← «Spechte»

Eulen ernähren sich bevorzugt von Kleinsäugern. Sind diese schlecht erreichbar, so werden aber auch andere Beutetiere gejagt (z. B. Vögel). Einige Eulenarten bevorzugen aber auch Fische, Würmer oder Insekten (z. B. die Zwergohreule). Während die verdaulichen Bestandteile der Nahrung nach der Darmpassage als Kot ausgeschieden werden, werden die unverdaubaren Bestandteile wieder ausgewürgt. In den sogenannten Gewöllen kann man Knochen, Zähne, Federn, Haare, Krallen und Chitinteile von Insekten finden. Daraus lässt sich das Beutespektrum einer Eulenart gut erschließen.

Lautloser Flug

Sind Ihnen auch schon einmal die Fluggeräusche eines Segelfliegers oder die Geräusche von den Rotorblättern von Windturbinen aufgefallen? Sie entstehen durch Luftwirbel an deren Flügelkanten. Dasselbe – wenn auch bedeutend leiser – geschieht an den Flügeln der Vögel. Für nachtaktive Jäger sind sie besonders problematisch, da ihre Beutetiere meist ausgezeichnet hören und daher das Herannahen des Jägers frühzeitig erraten. Eulen weisen daher an den äußeren Handschwingen besondere Anpassungen auf, die diese Geräusche auf ein Minimum reduzieren. An den entsprechenden Federn sind feine «Zähne» angebracht, die als Federkamm bezeichnet werden. Dieser vermindert die Bildung der erwähnten Luftwirbel und damit die Fluggeräusche.

Beobachtungstipps

Da die meisten Eulen dämmerungs- und nachtaktiv sind, lassen sie sich nicht so einfach beobachten. Ihr Gesang und die Rufe sind hingegen gut und weit zu hören. Des Nachts können Sie deshalb versuchen, Eulen und Käuze per Gehör zu orten. Tagsüber verraten die Bruthöhlen an Baumstämmen ihre Präsenz. Ein gutes Zeichen sind **Kotspuren** und **Gewölle**.
Achten Sie bitte darauf, dass Sie die Tiere nicht stören.

→173
«Spuren im Wald»/Losung, Harn und Gewölle

Fragen

- Welche Tiere gehören zum Beutespektrum der verschiedenen Eulenarten?
- Weshalb können die Mäuse trotz ihrem guten Gehör die anfliegenden Eulen meistens nicht hören?
- Was machen die Eulen mit den unverdaubaren Beuteresten?

→188
Antworten

Waldohreule *(Asio otus)*

Beziehungen zwischen Pflanzen und Tieren – mehr als nur fressen und gefressen werden

Krallen schärfen, mit Pflanzenmaterial Nester bauen, fressen – auf den ersten Blick scheinen vor allem die Tiere von den Pflanzen zu profitieren. Aber auch die Pflanzen sind auf Tiere angewiesen. Gerade bei Fortpflanzung oder Samenverbreitung sind Tiere für zahlreiche Pflanzenarten wichtige Helfer.

Wenn sich Pflanzen wie Gräser oder Nadelbäume großflächig ausbreiten, ist eine Bestäubung durch den Wind geeignet. Bestäubung durch Insekten ist hingegen dann von Vorteil, wenn eine Pflanzenart nur zerstreut vorkommt und deshalb eine gezielte Bestäubung nötig ist. Dies ist oft bei **Orchideen**arten der Fall. Sie sind aus diesem Grund für ihre Bestäubung und Vermehrung auf Insekten angewiesen.

← Orchideen

Im Gegensatz zu den unscheinbaren Blüten von windbestäubten Arten sind insektenbestäubte Blüten viel größer und auffälliger. Mit ihren farbigen, von weither sichtbaren Blüten machen Waldpflanzen wie Wald-Springkraut, Brombeere oder Buschwindröschen Bienen, Schmetterlinge und **Käfer** auf sich aufmerksam und verlocken sie mit einem Angebot von Pollen (Blütenstaub) und Nektar zu einem Besuch. Die Blütenbesucher erhalten dabei einen kohlenhydrat- und proteinreichen Imbiss und sorgen ungewollt für den Pollentransport von Blüte zu Blüte und damit für die Bestäubungen. **Raffinierte Mechanismen** in der Blüte sorgen dafür, dass die Besucher auf der Suche nach Essbarem an den Staubfäden vorbeimüssen und mit Blütenstaub eingepudert werden, der an ihnen kleben bleibt. Fliegen sie anschließend zur nächsten passenden Blüte weiter, so kommt der mitgebrachte Pollen mit deren Narbe in Berührung, womit die Bestäubung sichergestellt wird. Typischerweise ist das Pollen- und Nektarangebot der einzelnen Blüten nicht zu üppig, aber auch nicht zu knapp: Schmetterlinge, die schon nach der ersten Blüte satt sind, brauchen nicht mehr weiterzusuchen, womit die Bestäubung scheitert. Ist das Angebot hingegen zu knausrig, so lohnt sich der Blütenbesuch kaum. Entsprechend werden solche Blüten kaum besucht, womit die Bestäubung ebenfalls nicht zustande kommt. Ideal ist jene Menge an Pollen und Nektar, die den Besuch lohnend macht, aber den Gast nicht gleich sättigt, sodass noch andere Blüten aufgesucht werden müssen.

104← «Kleiner Geweihträger»
57← Kasten «Aronstab»

Weiter dank Transporthilfe von Tieren

Die Samen von Pappeln, Weiden, Eschen und den meisten anderen Bäumen werden vom Wind verbreitet. Aber einige Bäume verdanken ihre Verbreitung auch **Eichhörnchen**,

← Eichhörnchen

Oben: Wald-Springkraut *(Impatiens noli-tangere)*
Unten: Brombeere (*Rubus* sp.)

Tannenhäher

Tannenhähern und Eichelhäher. Genauer gesagt, verdanken sie ihre Weiterverbreitung der Eigenschaft dieser Tiere, Buchnüsschen, Eicheln oder Nüsse zu sammeln und als Vorräte im Boden zu vergraben. Werden diese Vorräte von Tannenhäher oder Eichhörnchen dann aber vergessen oder sind sie überschüssig, so können sie keimen. Für die erwähnten Baumarten ist die Transporthilfe der Tiere wichtig, da im Boden ihre schweren Baumfrüchte kaum vom Wind weggetragen werden könnten und sie sich in der Folge nur nahe am Mutterbaum weiterverbreiten würden.

87← «Waldameisen»

Die Samen der Veilchen (*Viola sp.*) besitzen an ihrem einen Ende ein klebriges, von bloßem Auge gut sichtbares Anhängsel (Elaiosom). Es ist eine begehrte Speise der **Ameisen**. Wenn sie die Samen zu ihrem Bau tragen oder unterwegs verzehren, so tragen sie auch zur weiteren Verbreitung der Samen der Mutterpflanze bei.

175← «Mistel – Mitesser auf Bäumen»

Die weißen Beeren der **Mistel** werden hauptsächlich von Misteldrosseln gefressen. Um den Schnabel von den klebrigen Samen zu befreien, müssen ihn die Vögel an einem Ast abstreifen. Dadurch gelangen die Mistelsamen per Vogelhilfe von Baum zu Baum.

Andere Pflanzen wie zum Beispiel das Kletten-Labkraut *(Galium aparine)* bilden Samen mit hakigen Hüllen aus, die sich im Fell von Waldtieren verfangen und mit

Für die Weiterverbreitung der Arven sorgt vor allem der Tannenhäher *(Nucifraga caryocatactes)*. Er gilt als «Arvengärtner».

ihnen über weite Strecken transportiert werden, bevor sie irgendwo abfallen oder bei der Fellpflege entfernt werden. Auch hier dient der Tiertransport der weiträumigen Verbreitung von Pflanzensamen.

Viele Pflanzen produzieren farbige, von Weitem sichtbare Beeren oder Früchte, welche die Aufmerksamkeit von Vögeln und **Kleintieren** auf sich lenken. Mit jeder Beere oder Frucht verschluckt ein Tier auch deren Samen. Diese überstehen den Verdauungsvorgang meist unversehrt und werden einige Stunden später an einem anderen Ort wieder ausgeschieden und auf diese Art weiterverbreitet. Damit diese Weiterverbreitungsstrategie aber funktioniert, muss sichergestellt werden, dass die Früchte und Beeren von den Tieren nicht vor der Reifung der Samen gefressen werden. Unreife Früchte enthalten daher meist unangenehm schmeckende Substanzen, die allzu gierige Fruchtliebhaber abschrecken. Aus demselben Grund sind sie meist auch unauffällig grün und tarnen sich dabei im Laub der Büsche und Bäume. Ihre auffällige, meist rote Farbe kriegen sie erst, wenn es Zeit ist, von Vögeln und Säugetieren zur Verbreitung der Samen gefressen zu werden.

→ Waldameisen

Die Samen von Weiden (*Salix* sp.) sehen ähnlich aus wie Watte.

Pflanzen als Baumaterial

Sei es für den Biberdamm, den Eichhörnchenkobel oder den Ameisenhaufen: Pflanzen liefern Material für Bauwerke ganz unterschiedlicher Tierarten. Ein typisches Beispiel sind auch die Vogelnester. Je nach Vogelart bestehen diese nicht nur aus unterschiedlichen Materialien, sondern sind auch ganz unterschiedlich gebaut und positioniert. Einige bodenbrütende Arten, wie beispielsweise die Waldschnepfe *(Scolopax rusticola)*, haben Nester, die nur spärlich mit Pflanzenmaterial ausgekleidet sind. Diese sind daher oftmals gar nicht als Nester erkennbar. Anders sieht es beim Zaunkönig *(Troglodytes troglodytes)* aus, dessen Nest zwar auch bodennah und gut versteckt, aber sofort als solches erkennbar ist. Je nach Standort und Verfügbarkeit besteht es vorwiegend aus Moos, Pflanzenstängeln oder dünnen Ästen. Es kommt gelegentlich vor, dass Zaunkönige in alten Wasseramselnestern brüten, die sehr ähnlich gebaut sind.

Beobachtungstipps

- Schauen Sie sich im Wald die Pflanzen einmal genauer an – können Sie Pflanzengallen finden? Beachten sie auch deren unterschiedliche Formen und Farben.
- Öffnen Sie die Samenkapseln von Veilchen und schauen Sie sich deren Samenanhängsel unter der Lupe an.
- Berühren Sie die hakig-klebrigen Blätter und Samen des Kletten-Labkrauts und beobachten Sie, wie gut die Samen an Ihren Kleidern haften.

Fragen

- Warum sind viele Früchte und Beeren rot?
- Wer verbreitet die Samen des Veilchens?

→188
Antworten

Linke Seite oben: Die schwarzen Holunderbeeren leuchten schon von Weitem.
Linke Seite unten: Die Vogelbeeren werden erst rot, wenn sie reif sind.

Oben: Vogelnest des Zaunkönigs *(Troglodytes troglodytes)*

Wegwerfprodukte der Natur

Überschuss aus Massenproduktionen, ausgediente Modelle, abgenutzte Bekleidung, nicht mehr benötigtes Verpackungsmaterial – dies ist keine Beschreibung des Altlagerbestands einer Firma, sondern der Wegwerfartikel aus Wald, Feld und Flur: Auch in der Natur fällt Abfall an, und zwar tonnenweise. Im Verlauf eines Jahres werden unzählige Geweihe abgestoßen, Samen weggeschleudert, **Blätter** und Früchte abgeworfen. Im Gegensatz zum Menschen hinterlassen Pflanzen und Tiere ihren Nachkommen jedoch keine gefährlichen oder belastenden Abfälle, welche die Lebensgrundlage der nächsten Generationen gefährden. Bereits nach Stunden, Tagen oder spätestens nach Monaten oder Jahren sind pflanzliche oder tierische Überreste gefressen, abgebaut und umgewandelt. Von Säugetieren über Pilze bis zu Kleinstlebewesen und Bakterien im **Boden** machen bei der Abfallentsorgung und beim Recycling alle mit.

← Eiche, Esche

20← «Der Waldboden»

Blätter werden im Herbst zu Abfall.

Überschuss aus Massenproduktion

Im Frühling kann man oft beobachten, wie der Wind über Nadelwäldern gelbe Wolken aus Blütenstaub aufwirbelt. Das ist ein Bild, das auch Pollenallergiker unbeschwert genießen können: Im Gegensatz zu Laubbaumpollen verursacht der Blütenstaub von Fichten, Föhren, Lärchen und anderen Nadelbäumen keine allergischen Reaktionen. Der Wind verfrachtet die leichten Pollen aus den männlichen Blüten über weite Strecken. Eine einzige Fichte produziert Milliarden von Pollen: Pro Quadratmeter Boden fallen pro Jahr in Mitteleuropa durchschnittlich zwei Millionen Nadelholzpollen.

Nicht alles wird so großzügig verschleudert wie der Blütenstaub von Nadelbäumen. Beim **Nektar** geht es zum Beispiel knausriger zu und her. Zusätzlich zum Pollen bilden viele Blüten auch Nektar, jedoch nur so viel, dass sich der Blütenbesuch für ein hungriges Insekt gerade noch lohnt.

→118 «Beziehungen zwischen Pflanzen und Tieren»

Veraltete Modelle

Jedes Jahr zwischen Februar und April ist es bei den männlichen **Hirschen** *(Cervus elaphus)* so weit: Bedingt durch hormonelle Veränderungen, löst sich ihr bis zu 8 kg schweres Geweih und fällt zu Boden. Innerhalb von 5 Monaten wächst jedoch wieder ein neues nach, das sich unter einer pelzigen, gut durchbluteten Haut (Bast) entwickelt, die später vertrocknet und an Baumstämmen abgefegt wird. Das fertige Geweih ist ein reines Knochengebilde, das nicht durchblutet ist. Sein Aufbau benötigt viel Kalk, der zum Teil aus Kalkreserven in Körperknochen stammt. Die Form des

→147 «Die großen Pflanzenfresser»

Der Blütenstaub wird vom Wind verweht.

← ← Hirsch

Geweihs ist vor allem genetisch bedingt, hängt aber auch vom Alter eines Hirsches und seiner Verfassung ab und kann von Jahr zu Jahr ändern. Das Geweih ist wichtig im Kampf gegen Rivalen um Weibchen. Die Größe des Geweihs lässt auf eine bestimmte Kampfkraft schließen, sodass es bei ungleich starken **Hirschen** meist gar nicht erst zum Kampf kommt. Die Verzweigungen der Geweihe verhindern, dass sich die kämpfenden Hirsche ernsthaft verletzten, weil sich die Stangen gegenseitig abfangen.

Nicht alle «bewaffneten» Pflanzenfresser leisten sich jährlich ein neues Modell: Bei Steinböcken wachsen die Hörner ein Leben lang weiter, mit einem Wachstumsunterbruch im Winter. Dadurch entstehen auf der Horninnenseite Furchen, die eine Altersbestimmung möglich machen. Auch die anderen Hornträger werfen ihre Hörner nicht ab.

Überdimensioniertes Verpackungsmaterial

Statt nur kleine Samen auszubilden, produzieren einige Pflanzenarten fleischige Beeren oder Früchte, die wie bei der Tomate oder den Erdbeeren in keinem Verhältnis zu den darin befindlichen kleinen Samen zu stehen scheinen. Mit leuchtenden Farben sprechen sie die Konsumenten an, primär Vögel und früchteverzehrende Kleintiere. Mit jeder Beere oder Frucht **verschluckt ein Tier auch Samen**. Diese überstehen unversehrt den Verdauungsvorgang und werden einige Stunden später an einem anderen Ort wieder ausgeschieden und die Samen auf diese Art weiterverbreitet.

118← «Beziehungen zwischen Pflanzen und Tieren»

Abgenutzte Kleidung

Gelegentlich erkennt man bei kreisenden Greifvögeln am Himmel, dass sie einzelne Lücken in den Federreihen haben. Der Grund dafür ist, dass beim Fliegen die Federn stark beansprucht und abgenutzt werden, sodass sie nach einer bestimmten Zeit durch neue ersetzt werden müssen. Adler, Mäusebussard, aber auch kleine Singvögel wie Meisen oder Rotkehlchen erneuern regelmäßig nach einem bestimmten Mausersystem ihr Gefieder. Mit etwas Glück findet man am Boden die schönsten Federn, bevor sie abgebaut werden.

Beobachtungstipps

Machen Sie in die Laubschicht am Boden ein wenige Zentimeter tiefes Loch, das bis zur Erde darunter reicht. Beobachten Sie, wie die Laubschicht bereits nahe an der Oberfläche von Kleinlebewesen, Pilzen und Bakterien zersetzt ist und wie Laub über zersetztes Streu bis zu Erde fließend ineinander übergeht.

Fragen

- Warum sind die Früchte vieler Pflanzenarten größer als dies nötig zu sein scheint?
- Welche Pflanzenpollen verursachen keine allergischen Reaktionen?
- Woran erkennt ein Hirsch die Kampfkraft eines möglichen Gegners?

→188
Antworten

Leuchtende Farben wecken die Aufmerksamkeit von Früchtefressern. Hier die Hagebutten einer Wildrose (*Rosa* sp.).

Kurzinformationen Sommer

Die neue Generation

Der Sommer ist auch die Zeit der Tierkinder: Die Elterntiere sind dann immer damit beschäftigt, genügend Futter heranzubringen und mögliche Gefahren abzuwenden. Bei den Vögeln ist vielleicht sogar schon die zweite Generation unterwegs.

38, 114← «Vögel des Waldes»; «Eulen – die Jäger der Nacht»

Viele Jungtiere sind nach der Geburt noch völlig hilflos und müssen im Nest oder in einem Bau versorgt werden. **Singvögel**, Greifvögel, **Eulen**, aber auch Raubtiere wie Fuchs *(Vulpes vulpes)* und Wildkatze *(Felis silvestris)* sind Beispiele für sogenannte Nesthocker. Es gibt aber auch Nestflüchter, deren Junge bei der Geburt schon weit entwickelt sind und dem Muttertier bald folgen können. In diese Gruppe gehören die Hühnervögel und natürlich Huftiere wie das **Reh** *(Capreolus capreolus)*. Die extremsten Nestflüchter findet man aber bei den Reptilien, bei denen die Jungen sofort auf sich alleine gestellt sind.

147← «Die großen Pflanzenfresser»

Das Nest des Gartenbaumläufers *(Certhia brachydactyla)* befindet sich unter der angelösten Rinde des Baumes. Die feinen Äste seines Nestes sind unter der Rinde zu sehen.

Abfall und invasive Neophyten

Leider werden die Wälder oft als illegale Deponien missbraucht, da es dort viele unauffällige Stellen gibt, wo man ungestört Abfälle der verschiedensten Art abladen kann. Neben den offensichtlichen Abfällen werden gerne (und genauso illegal) auch mineralische Baustoffe wie Dachziegel, Backsteine etc. sowie Grünabfälle aus Küche und Garten in den Wald getragen. Gerade die Grünabfälle werden, so meint man, rasch abgebaut und verursachen somit keine Belastungen. Dem ist aber nicht so: Mit den Gartenabfällen können auch Samen von sogenannten invasiven Neophyten in den Wald gelangen. Auf diese Weise konnten sich zum Beispiel das Drüsige Springkraut *(Impatiens glandulifera)* oder der Japanische Staudenknöterich *(Fallopia japonica)* hierzulande rasch entlang von Waldwegen, Gewässern und auf Lichtungen verbreiten. Sie verdrängen und schädigen nun die einheimische Flora und sind vielerorts fast nicht oder nur mit riesigem Aufwand zu bekämpfen. Abgesehen von den negativen Folgen für Flora und Fauna, können solche Neophyten auch beträchtlichen volkswirtschaftlichen Schaden verursachen.

Drüsiges Springkraut *(Impatiens glandulifera)*

Minierer

Auf den Blättern oder Nadeln verschiedener Baumarten kann man manchmal eigenartige braune Bänder und Flecken erkennen. In diesen Bereichen ist das Blattgewebe abgestorben. Besonders oft betroffen davon sind Rosskastanien, aber auch **Eichen**, Buchen, Ahorn. In den meisten Fällen wurden diese Spuren durch die Larven von kleinen Schmetterlingen, sogenannten Miniermotten verursacht. Diese Larven sind sehr flach gebaut und können so im Innern der Blätter leben und sich vom «Blattinhalt» ernähren. Dadurch entstehen die charakteristischen Fraßspuren (Minen).

←
Eichen

Giftige Bärenspinner

112←
«Die Nacht – die Zeit der Ruhe?»; Kasten «Störsender»

Die Bärenspinner (*Arctiinae* sp.) gehören zu den **nachtaktiven** Schmetterlingen. Viele Arten aus dieser Gruppe sind auffallend gefärbt; einige tragen auch eine Warntracht. Ihren seltsamen Namen haben sie aufgrund der langen und starken Behaarung ihrer Raupen erhalten. Diese Behaarung kann, wie jene anderer Raupen auch, starke allergische Reaktionen auf der Haut auslösen. Um sich vor Fressfeinden zu schützen, haben sie aber noch eine andere Strategie entwickelt: Die Raupen vieler Arten fressen auch an Borretsch- und Nachtschattengewächsen, deren Gifte sie speichern können. Fressfeinde, die gegen diese Gifte (anders als die Raupen) nicht immun sind, leiden entsprechend nach deren Verzehr. Die auffällige Musterung der Bärenspinner signalisiert diese Gefahr potenziellen Jägern. Die Warnmusterung wird zuweilen noch verstärkt, indem bei Gefahr plötzlich die grell gefärbten Hinterflügel gezeigt werden.

Mine auf einem Blatt

Fragen

- Wieso nennt man die kleinen Schmetterlinge, deren Larven auffällige braune Fraßspuren auf den Blättern der Wirtspflanze hinterlassen, Miniermotten?
- Gehören alle Jungvögel zum Typ Nesthocker?
- Wieso sollten Gartenabfälle und Grünabfälle generell nicht im Wald deponiert werden?

→188, 189
Antworten

Brauner Bär *(Arctia caja)* in «Schreckstellung» mit sichtbaren Hinterflügeln

Herbst

1
6
2
3
5
4

Einleitung Herbst

Der Wald wird farbig, und auf dem Boden breiten sich Blätterteppiche aus. Durch die lichter werdenden Baumkronen dringt nun wieder mehr Licht in das Innere des Waldes. Nebelschwaden ziehen durch den Wald, und die kühleren Temperaturen künden den nahenden Winter an. Die meisten Zugvögel sind bereits weg, und es wird langsam wieder stiller. Reh, Fuchs und andere winteraktive Wildtiere wechseln ihr Sommer- gegen ein wärmeres Winterfell. Mäuse, Eichelhäher und Eichhörnchen tragen geschäftig Vorräte in ihre Verstecke. Es duftet nach Pilzen, und an den Sträuchern und Büschen reifen Beeren und Früchte. Wildtiere schlagen sich noch den Bauch voll und versuchen, sich Winterspeck anzufressen.

→ Eichhörnchen

Verfärbung und Blattfall als Wintervorsorge

Viele Menschen empfinden den Herbst als die schönste Jahreszeit: Die Tage sind noch lang, aber nicht mehr so heiß, und die farbigen Wälder verleihen der Landschaft einen besonderen Reiz. Jedes Jahr spielt sich vor unseren Augen das gleiche Schauspiel ab, aber immer in neuen Variationen. Kein Herbst ist gleich wie der andere.

In herbstlichen Wäldern laufen in den Blättern biochemische Vorgänge auf Hochtouren ab. Birke, Linde und andere sommergrüne Laubbäume bereiten sich mit der Verfärbung ihrer Blätter und dem anschließenden **Blattfall** auf den Winter vor. Diese Vorbereitungen werden von verschiedenen Faktoren gesteuert. So zum Beispiel von den tieferen Temperaturen, der abnehmenden Tageslänge und von Pflanzenhormonen. Je nach Witterung sind Dauer und Intensität der Herbstverfärbung unterschiedlich. Dabei werden in den Blättern vorhandene Nährstoffe und wichtige Elemente wie Stickstoff, Phosphor und Eisen abgebaut, umgelagert und in Zweigen, Wurzeln oder im Stamm gespeichert. Dasselbe gilt für den Blattfarbstoff Chlorophyll, der die Blätter grün färbt. Je weniger Chlorophyll ein Blatt enthält, desto besser werden die gelben oder roten Farbtöne der Carotinoide und Flavonoide sichtbar. Diese, auch an der Fotosynthese beteiligten Farbpigmente sind von Anfang an im Blatt – also schon im Frühjahr und Sommer präsent. Sie werden aber vom Grün des Chlorophylls zunächst noch überdeckt und werden erst im Herbst sichtbar. Wenn sich der Farbenreigen der Herbstblätter dem Ende nähert, so beginnen die Brauntöne überhand zu nehmen. Sie entstehen bei absterbenden Blättern durch die Oxidation der im Blatt enthaltenen Gerbstoffe.

124← «Wegwerfprodukte der Natur»

Bei Erlen, **Eschen** oder Holunder findet als Besonderheit keine Blattverfärbung statt. Ihre Blätter fallen grün zu Boden.

← Esche

Blattlos Wasser sparen

Pflanzenhormone fördern die Blattablösung, indem sie die Bildung eines Trenngewebes im Blattstiel anregen. Eines Tages ist es so weit: Die letzten Verbindungsleitbahnen zwischen Blatt und Zweig werden getrennt, und ein von allen wichtigen Inhaltsstoffen entleertes Blatt fällt zu Boden. Die dabei entstehende kleine Narbe wird von einem wasser- und luftundurchlässigen Korkgewebe abgedeckt.

Ohne Blätter sind die Bäume besser geschützt vor Verdunstung und Wasserverlust. Im Zusammenhang mit der Fotosynthese verdunsten die Blätter im Sommer fässerweise Wasser. Eine 100-jährige Buche verdunstet beispielsweise bis zu

Rechte Seite oben: Herbstlicher Nadelwald (nur die Lärchen verfärben sich)

Rechte Seite unten: Buchenwälder verfärben sich besonders schön.

Oben: Holunder *(Sambucus nigra)*
Unten: Nicht alle Blätter zersetzen sich gleich schnell.

400 Liter Wasser pro Tag. Dieser Wasserumsatz wäre im Winter unmöglich, da die Wurzeln aus dem gefrorenen Boden kein Wasser mehr aufnehmen können. Die wasserverbrauchenden Fotosynthesevorgänge der Blätter würden daher die Wasservorräte aus Stamm und Ästen nach und nach aufbrauchen und den Baum daher langsam austrocknen. Zudem würde noch vorhandenes Wasser bei einem plötzlichen Frost in den Blättern gefrieren und dabei deren Gewebe schädigen. Die immergrünen Laubbäume, die auch im Winter beblättert sind (z. B. Stechpalme und Buchs), schützen sich gegen diese Vorgänge durch ausgesprochen ledrige, harte Blätter. Diese schützen vor Verdunstung und **Frosttrocknis**. Zusätzlich reichern sie ihren Zellsaft im Herbst mit Zuckerverbindungen an, die wie pflanzliche Frostschutzmittel wirken und Frostschäden verhindern.

→27 «Grenzen für den Wald»

Immergrüne Nadelbäume verlieren ihre Nadeln auch

Nadeln sind die Blätter der Nadelbäume. **Fichte**, Douglasie und andere Nadelbäume sind immergrün. Ihre Nadeln sind von Form und Gewebebau her besser vor Verdunstung geschützt als die Blätter der Laubbäume und können den Winter deshalb ohne Austrocknungsprobleme überstehen. Auch ihr Zellsaft ist jedoch mit pflanzlichen Frostschutzmitteln angereichert. Trotzdem sind vor allem an sonnigen Spätwintertagen jüngere Nadelbäume für Frosttrocknisschäden anfällig: Ihre noch

→ Fichte

Verfärbtes Ahornlaub

dünnen Stämme können noch keine großen Wasserreserven speichern und daher den Wasserverbrauch der Nadeln nicht immer ausgleichen. Durch Frosttrocknis geschädigte Nadeln und Triebe sehen verbrannt aus.

Auch wenn Föhren, Weißtannen und andere Nadelhölzer immergrün sind, so tauschen sie ihre Nadeln aus. Anders als die Laubbäume tun sie dies aber nicht in einem Mal, sondern übers ganze Jahr verteilt. Eine Fichtennadel bleibt etwa sieben Jahre, eine Weißtannennadel bis zu elf Jahren an einem Zweig, bevor sie ausgewechselt wird.

Das Abwerfen der Blätter und Nadeln dient aber auch der Entsorgung von Schadstoffen, die sich im Verlauf des Sommers (oder bei Nadelbäumen: der Jahre) auf und in den Blättern und Nadeln angesammelt haben. Laubbäume mit ihren jährlich ausgewechselten Blättern reagieren aus diesem Grund im Allgemeinen weniger empfindlich auf Luftschadstoffe als die immergrünen Nadelbäume, deren Nadeln länger als nur eine Saison halten.

Farbige Lärchen im Herbst

Pflanzliches Billigprodukt

→124 «Wegwerfprodukte der Natur»

Eine Ausnahme unter den Nadelbäumen ist die Lärche, die im Herbst alle ihre Nadeln abwirft. Ein Blick durchs Mikroskop auf den Querschnitt einer Lärchennadel entlarvt sie das pflanzliches Billigprodukt: Im Gegensatz zu einer Fichtennadel ist die Nadel einer Lärche nämlich viel weniger aufwändig und solide gebaut – ein Wegwerfprodukt, das seinen Dienst nach einer Saison bereits erfüllt hat.

Beobachtungstipps

- Fotografieren Sie einen sich verfärbenden Baum über mehrere Tage hinweg, bis er kahl ist. Schauen Sie sich diesen Prozess anschließend im «Zeitraffer» noch einmal an. Welche Besonderheiten können Sie dabei feststellen?
- Schauen Sie sich die Querschnitte von Lärchen- und Fichtennadeln unter dem Mikroskop an.

Fragen

- Warum ist es für Bäume von Vorteil, im Winter keine Blätter zu haben?
- Bei welchen Bäumen fallen die Blätter grün zu Boden?
- Warum verfärben sich die Bäume nicht jeden Herbst gleich intensiv?

→189 Antworten

Gallen, die gefallen

Fast alle haben wahrscheinlich schon einmal an einer Pflanze Gallen gesehen. Diese entstehen, wenn die Pflanzen von Viren, Bakterien, Pilzen, Milben und Insekten gereizt werden. Mücken, Läuse, **Wespen** und andere Insekten spritzen dabei durch Stiche, Bisse usw. spezielle Pflanzenhormone (Cytokinine) in das Gewebe der Pflanze, wodurch die Bildung der verschiedenen Gallen angeregt wird. Gallen können sowohl auf Blättern und Stängeln als auch auf Blüten oder Wurzeln entstehen. Fast alle Pflanzen können Gallen aufweisen, besonders häufig findet man sie aber bei Buchen, Eichen, Weiden und Rosen. Insekten produzieren Pflanzengallen, da diese sie vor Feinden schützen, ihnen als Wohnraum, Futterquelle oder Verpuppungsstube dienen oder Überwinterungsort für den Nachwuchs sind.

← Schlupfwespe

Gallen sind aber auch für Insektenforscher wichtig: Nicht selten kann man nur anhand der **Pflanzengallen** sagen, zu welcher Art das gallenproduzierende Insekt überhaupt gehört. Je nach Art, die die Galle provoziert hat, sieht diese nämlich anders aus; sie variieren in Größe, Farbe, Form oder Behaarung. Eine weitere Bestimmungshilfe ist die Jahreszeit, da einzelne Gallen nur während weniger Wochen vorkommen, andere aber über mehrere Monate.

118← «Beziehungen zwischen Pflanzen und Tieren»

Gerbstoffe und Tinte aus Eichengallen

Die Eichen sind unter gallenprovozierenden Insekten am beliebtesten. An ihnen kommen bis zu 30 verschiedene Gallen vor. Warum sich so viele **Insektenarten** auf Eichen spezialisiert haben, ist noch unbekannt. Dieser Umstand hat die Menschen aber nicht daran gehindert, die Galläpfel an den **Eichen** für ihre Zwecke zu nutzen. Besonders Gerbereien verwendeten sie früher gerne bei der Verarbeitung von Tierhäuten zu Leder. Aus Eichengallen wurde auch Eisengallustinte hergestellt. Diese schwarze Tinte wurde noch bis in die 1960er-Jahre zum Schreiben mit Stahlfedern benutzt. Flecken von Eisengallustinte auf den Kleidern konnten allerdings nicht mehr gereinigt werden. Mit dem Aufkommen der Füllfederhalter, bei denen sie auch oft zu Verstopfungen führte, wurde sie daher von anderen, besser geeigneten Tinten abgelöst. Eisengallustinte wird heute fast nur noch in der Kalligrafie (Kunst des Schönschreibens) benutzt.

104← «Kleiner Geweihträger»

← Eiche

Eichengallen

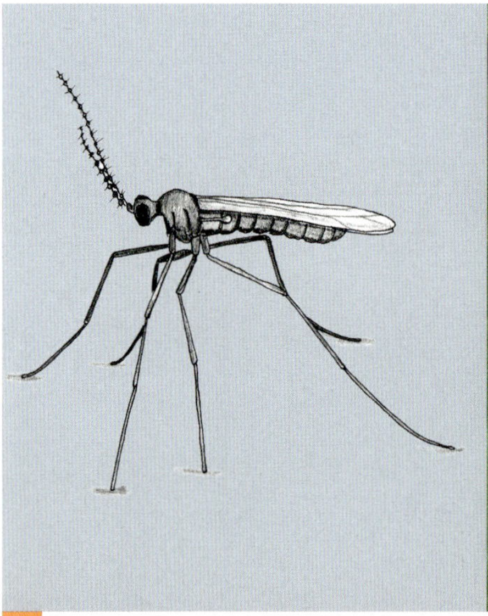

Beispiele von Pflanzengallen, die häufig zu finden sind

123←
«Beziehungen zwischen Pflanzen und Tieren»

Buchengallmücke *(Mikiola fagi)*

An Waldrändern findet man zwischen Mai und Oktober oft beerenartige Gebilde an Buchenblättern. Diese **Buchengallen** sind zuerst grünlich und verfärben sich im Verlauf des Sommers gelb oder rot. Kurz vor dem Blattfall lösen sie sich ab und fallen ins Laub. An der früheren Kontaktfläche mit dem Blatt sind die Gallen mit einem zarten Häutchen verschlossen. Noch im Herbst oder auch erst im Frühling verpuppt sich die Larve, die sich in der Galle befindet. Ab Ende März schlüpfen daraus schließlich 4–5 mm lange Buchengallmücken. Die Weibchen der Buchengallmücke legen nach der Befruchtung bis zu 300 Eier an den noch geschlossenen Blattknospen der Buchen ab. Aus den nur etwa 0,3 mm großen Eiern schlüpfen Larven, die in die Blattadern der frisch austreibenden Buchenblätter stechen. Dabei bevorzugen sie besonnte Blätter, wie sie entlang von Waldrändern oder auf Waldlichtungen zu finden sind. Als Reaktion auf diese Störung bildet das Blatt die typische Buchengalle aus, welche die Larven überwuchert und in ihrer dickwandigen Hülle für ihre weitere Entwicklung schützt. Gleichzeitig ernährt sich die Larve vom Gewebe der Galle und frisst mit der Zeit einen Hohlraum aus. Gallenbefall bei Buchen ist selten so stark, dass die Buchen dadurch ernstlich geschwächt oder geschädigt werden.

Links: Buchengallmücke
Rechts: Buchengalle

Fichtengallläuse *(Familie Adelgidae)*

Die über zwanzig verschiedenen Arten der Fichtengallläuse sind alles winzige Pflanzensaftsauger. Ihre Larven saugen am Grund der Nadeln von Fichten und anderen Nadelbäumen. Die Nadeln schwellen daraufhin an und wachsen zu einer bis 3 cm großen Wucherung zusammen. Diese Gebilde werden wegen ihres Aussehens auch «Ananasgallen» genannt. Geschützt vor Feinden wie Marienkäfer oder Schwebfliegen, entwickeln sich darin die Larven in zahlreichen Kammern weiter. Im Juni und Juli öffnen sie sich, sodass die Fichtengallläuse entweichen können. Die Gallen verholzen danach. Ananasgallen findet man an den Zweigen von Nadelbäumen. Sie schädigen die Bäume nicht nachhaltig.

Gemeine Rosengallwespe *(Diplolepis rosae)*

Die nur 3 Millimeter große Wespe lebt an Rosen, wo sie an den Zweigenden charakteristische zottige Gallen provoziert. Diese können ohne Weiteres 5 cm Durchmesser erreichen und werden «Rosenapfel» oder «Schlafapfel» genannt. Sie sind zu diesem Namen gekommen, weil man ihnen eine schlaffördernde Wirkung zusprach und sie daher gerne unter das Kopfkissen legte. In den zuerst grünlichen bis roten Gallen entwickeln sich die Larven in mehreren Kammern. Sie verpuppen sich darin, und schlüpfen im nächsten Jahr als ausgewachsene Rosengallwespen.

Rosengalle im Winter

Beobachtungstipps

- Suchen Sie junge Gallen und beobachten Sie ihr weiteres Wachstum an einer Pflanze. Achten Sie dabei zum Beispiel darauf, wie die Gallen ihre Größe, Form oder Farbe mit der Zeit verändern.
- Wie viele verschiedene Gallen können Sie an einem Waldrand entdecken?
- Schneiden Sie eine Galle auf und betrachten Sie die kleinen Larven mit einer Lupe. Tun Sie das aber nur einmal: Die Larven der aufgeschnittenen Gallen sterben.

Fragen

- Aus welchen Baumgallen kann Tinte hergestellt werden?
- Auf welchem Baum findet man sogenannte Ananasgallen?

189← Antworten

Rechte Seite: Rehgeiß *(Capreolus capreolus)*

Die großen Pflanzenfresser

Die Wälder Mitteleuropas beherbergen nur wenige große einheimische Pflanzenfresser. Dazu zählen Rothirsch und Reh, und in den Wäldern der Gebirge in harten Wintern zuweilen der Gämse. In Nord- und Osteuropa kommen Elch und Wisent dazu. Daneben sind aber auch einige eingeführte Arten präsent. Zu erwähnen sind insbesondere Dam- und Sikahirsch.

Das Reh

Das Reh *(Capreolus capreolus)* ist ursprünglich ein typischer Waldbewohner. Aufgrund seiner relativ geringen Größe und des Körperbaus kann es sich gut in Wäldern mit **dichtem Unterholz** bewegen. Rehe sieht man fast nie traben: Entweder gehen sie oder bringen sich bei Gefahr mit schnellen Sprüngen in Sicherheit. Es gibt kaum einen größeren Wald in Europa, der nicht von Rehen besiedelt wird. **Rehe** sind aber auch sehr anpassungsfähig und können in den verschiedensten Lebensräumen angetroffen werden. Sie nutzen sogar weite, offene und strukturarme Landschaften, zum Beispiel Ackerbaugebiet. Man unterscheidet daher auch zwischen Waldreh und Feldreh. Ihre völlig verschiedenen Lebensräume haben auch zu unterschiedlichen Verhaltensweisen geführt. Während Waldrehe eher solitär oder in kleinen Familiengruppen unterwegs sind, kann man bei den Feldrehen oft Rudel von mehr als 20 Tieren beobachten.

→162 «Auf eigenen Wegen»

→ Reh

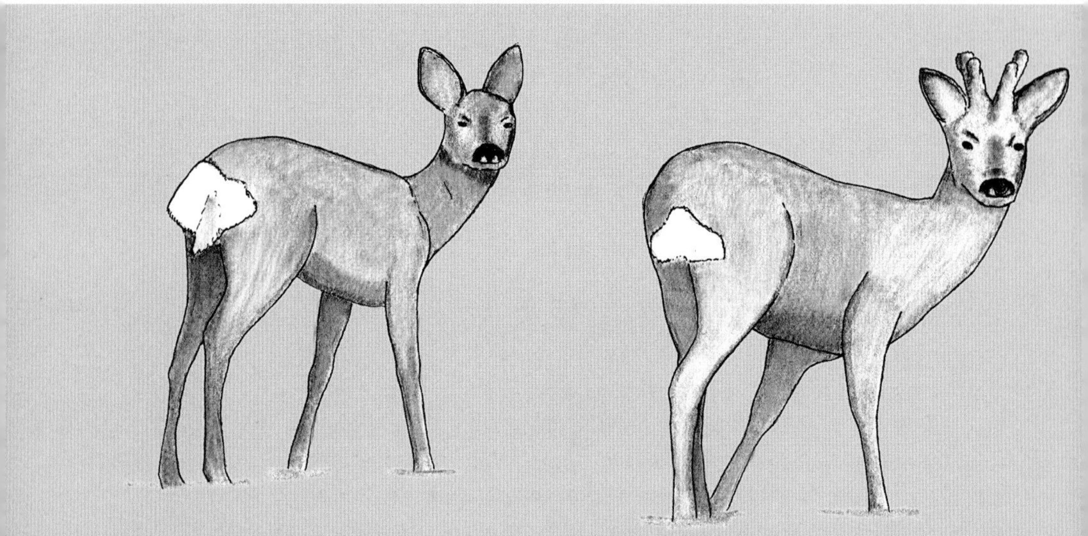

Rehgeiß

Rehbock mit Geweih im Bast

Das Fell der Rehe ist im Sommer rotbraun, das dichte Winterfell hingegen graubraun. Rehe haben nur einen sehr kurzen Schwanz und wirken daher so, als ob sie keinen hätten. Sie besitzen aber einen Fleck aus weißen Haaren am Hinterteil, den sogenannten Spiegel. Anhand der Form dieses Spiegels kann ihr Geschlecht bestimmt werden. Das Geweih des **Rehbockes** weist bis zu sechs Enden auf. Es wird im Herbst abgeworfen und im Laufe des Winters wieder neu gebildet.

70, 124← «Wer hat hier gewirkt?»; «Wergwerfprodukte der Natur»

Die Brunft und Paarung der Rehe finden im Juli statt. Aber bereits im April werden die Böcke territorial und markieren und verteidigen ihr Revier. Die Markierungen werden über Duftdrüsen an Beinen (am Boden) und Kopf (an Büschen und Ästen) angebracht. Rehe können auch über Lautäußerungen miteinander kommunizieren. Nach der Paarung und Befruchtung folgt bei der Geiß die Zeit der Keimruhe, bis im Januar die Entwicklung des Embryos einsetzt. Vor dem Setzen werden auch die Geißen territorial. Sie verteidigen jetzt ihr Setzgebiet gegen Artgenossinnen. Von Mai bis Anfang Juni werden dann normalerweise zwei Kitze geboren. In der ersten Zeit haben die gefleckten **Kitze** den Reflex, sich bei Gefahr zu ducken und regungslos zu verharren. Da viele Rehgeißen ihre Jungen in Mähwiesen setzen, ist dieses Verhalten oft fatal.

128← «Die neue Generation»

Rehgeiß und Rehbock lassen sich auch anhand ihres Spiegels unterscheiden.

Der Tagesablauf der Rehe gliedert sich normalerweise in 6–8 Aktivitäts- und Ruheperioden (Nahrungsaufnahme und Wiederkäuen). Am Tag suchen sie sich ihre Nahrung im Wald, in der Dämmerung und **Nacht** gehen sie aber oft auch in die offene Landschaft hinaus. Rehe gelten als Feinschmecker, die ganz gezielt nährstoffreiche und leicht verdauliche Nahrung suchen. Sie bevorzugen Gräser und Kräuter, machen aber auch vor jungen Trieben von Bäumen und Sträuchern nicht halt.

→110
«Die Nacht – die Zeit der Ruhe?»

Der Rothirsch

→ Hirsch

Der Rothirsch *(Cervus elaphus)* wird oft als König der Wälder bezeichnet. Er trägt diesen Titel nicht zu unrecht, ist er doch das größte verbreitet vorkommende Säugetier in Europa. Zwar gibt es in Mitteleuropa auch Braunbären und Wisente, doch sind diese entweder nur sehr lokal oder als vereinzelte Zuwanderer hier beheimatet.

Der Hirsch meidet den Menschen und ist daher weniger häufig als das Reh. Hirsche sind sehr anpassungsfähig und können von den Auenwäldern der Flussebenen bis in den Bereich der Baumgrenze und der alpinen Zone angetroffen werden. In früheren Jahrhunderten wechselten die Hirsche im Frühling von den Tälern in höhere Regionen und wanderten im Herbst wieder zurück. Diese Routen sind heute vielerorts durch Siedlungsgebiete oder Verkehrswege unterbrochen, weshalb Hirsche diese Wanderungen nicht mehr ausführen.

Hirsche schätzen lichte Wälder oder halboffene Landschaften, werden aber oft in dichte Waldgebiete verdrängt. Die aktuellen Verbreitungsschwerpunkte liegen im Alpenraum und in den Mittelgebirgen. Mit ihrem mächtigen Geweih sind die Männchen (Stiere) unverwechselbar. Aber auch die Weibchen (Kühe) sind durch ihre Größe und den Körperbau von den Rehgeißen gut zu unterscheiden. Im Gegensatz zu den Rehen traben die Hirsche gerne. Fühlen sie sich bedroht, so flüchten sie meist in einem schnellen und kräfteschonenden, ausdauernden Trab. Hirsche besitzen im Sommer ein rotbraunes, relativ kurzhaariges Fell und im Winter ein dichteres, langhaariges und graubraunes Winterkleid. Die Stiere werfen ihr Geweih im Frühling ab. Bereits kurz danach beginnt das neue Geweih wieder zu wachsen.

→ Hirschröhren

Die Brunftzeit der Hirsche beginnt im Herbst mit dem Kampf um die Hirschkuhrudel. Meistens beginnt er mit einem **Röhrduell**. Die beiden Kontrahenten gehen dabei langsam aufeinander zu. Oft kommt es dann zum sogenannten Parallelgehen. Dabei gehen die beiden Stiere nur wenige Meter voneinander entfernt und zeigen sich ihre Breitseite und ihr Geweih. Wird dadurch keiner der beiden eingeschüchtert, kommt es zum eigentlichen Kampf. Der Kampf läuft aber in einer stark ritualisierten Form ab und hat nicht zum Ziel, den Gegner zu verletzen. Krachen aber zwei oft deutlich über 100 kg schwere Hirsche mit ihren Geweihen gegeneinander, so wird dem Beobachter der Ernst der Situation dennoch unmissverständlich vor Augen geführt. Obwohl Verletzungen, wie gesagt, nicht das Ziel des Kampfes sind, lassen

sie sich nicht immer vermeiden. Aber auch ohne Verletzungen hinterlässt die Brunftzeit bei den Hirschen deutliche Spuren. Da sie während der Brunftzeit weniger äsen können, aber viel Energie verbrauchen, verlieren sie deutlich an Gewicht. Gelingt es ihnen vor dem Wintereinbruch nicht, die verlorenen Reserven wieder anzufressen, so beginnen sie den Winter in einer ungünstigen Ausgangslage. Gelingt es dem Platzhirsch, sein Rudel erfolgreich zu verteidigen, so kann er sich mit «seinen» Hirschkühen paaren. Nach Abschluss der Brunftzeit kommt es wieder zur Rudelbildung.

Nach einer Tragzeit von ungefähr 230 Tagen werden die Jungen im folgenden Frühling/Frühsommer geboren. Normalerweise bringt eine Hirschkuh nur ein Junges zur Welt. Wie bei den Rehen weisen diese weiße Flecken auf dem Fell auf. Die

Hirschstier *(Cervus elaphus)*

Fleckung wirkt als Tarnung, weil sich dabei der Körper des Hirschkalbes vor der Umgebung aufzulösen scheint. Man spricht dabei auch von Somatolyse. Eine gute Tarnung ist bei den Hirschkälbern wichtig, da die Jungtiere ihren Müttern in der ersten Zeit nicht folgen, sondern in zusammengerollter Haltung auf dem Boden liegend auf deren Rückkehr warten. Dieses Verhalten ist umso erstaunlicher, als dass die Hirschkälber eigentlich schon wenige Stunden nach der Geburt aufstehen und gehen lernen.

Ohne äußere Störungen gliedert sich der Tag der Hirsche in mehrere Äsungs- und Ruhephasen. In den Ruhephasen wird die aufgenommene Nahrung wiedergekäut. Das Nahrungsspektrum der **Hirsche** ist sehr breit und umfasst Gräser, Kräuter, Knospen, aber auch Zweige, Baumrinde und Flechten.

→173
«Spuren im Wald»

Beobachtungstipps

- Rehe lassen sich in der Dämmerung gerne an Waldrändern und auf Feldern beobachten. Um herauszufinden, wo sie sich in Ihrer Umgebung oft aufhalten, sollten Sie auch auf ihre Laute, Trittspuren und Losungen achten.
- Hirsche sind schwerer zu beobachten als Rehe. Während der Brunft kann man sie aber nicht selten hören. Die Naturschutzorganisationen Ihrer Umgebung können Ihnen sicher mitteilen, wo die Chancen dafür besonders gut sind.

Fragen

- Woran kann man Rehböcke und Rehgeißen unterscheiden, wenn die Böcke kein Geweih tragen?
- Wieso dauert die Tragzeit bei den Rehen länger als bei uns Menschen?
- Hat die charakteristische weiße Fleckung der Rehkitze und Hirschkälber eine besondere Funktion?

→189, 190
Antworten

Mykorrhizapilze im Wald und auf dem Teller

Die Aktivitäten der Mykorrhizapilze bleiben nicht ohne Wirkung auf uns, auch wenn sie sich meist unsichtbar unter der Erdoberfläche abspielen. «Mykorrhiza» bedeutet «Pilzwurzel». Mit diesem Begriff aus dem Griechischen wird die Symbiose zwischen Pflanzenwurzeln und Pilzen bezeichnet. Dies ist eine Lebensgemeinschaft, in der 80 % aller

156← «Pilze»

Landpflanzenarten leben. Die Pflanze versorgt dabei den **Pilz** mit Produkten aus der Fotosynthese, während der Pilz der Pflanze bei der Nährstoff- und Wasseraufnahme aus dem Boden hilft.

Eine Mykorrhiza entsteht, wenn ein Pilz die feinsten Wurzeln von Pflanzen mit einem Pilzmycel (Pilzgeflecht) umhüllt und auf diese Weise einen Austausch zwischen Pilz und Pflanze über die Wurzeln ermöglicht. Je nachdem, ob der Pilz dabei in die Zwischenräume der äußeren Zellschichten oder in die Zellen der Pflanzenwurzeln selbst eindringt, unterscheidet man zwischen Ekto- und Endomykorrhiza. Für Orchideen, Kräuter und Gräser ist Endomykorrhiza typisch, Ektomykorrhiza ist bei Bäumen in mitteleuropäischen Wäldern am verbreitetsten.

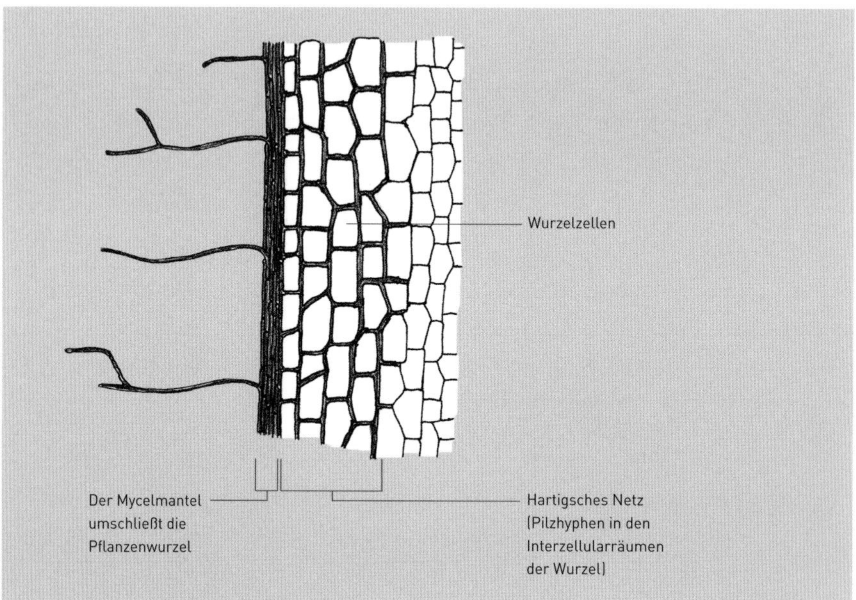

Schematische Darstellung von Ektomykorrhiza an einer längs geschnittenen Pflanzenwurzel. Dunkel eingefärbt sind die Pilzhyphen.

Das weitverzweigte Pilzgeflecht kann viel mehr Wasser und Mineralstoffe aufnehmen, als es den Baumwurzeln alleine möglich ist. Außerdem schützt das Pilzgeflecht die Wurzeln vor Krankheitserregern, und die Bäume ertragen auch Stresssituationen wie Trockenheit oder Hitze dank den Pilzen besser. Besonders auf nährstoffarmen Böden fördern Mykorrhizapilze das Wachstum und die Widerstandskraft der Bäume. Über das Pilzmycel im **Boden** vernetzen die Pilze auch verschiedene Bäume und sogar verschiedene Baumarten miteinander.

→20 «Der Waldboden»

Pilze besitzen kein Chlorophyll und können deshalb nicht wie grüne Pflanzen Fotosynthese betreiben und Energie in Form von Zucker herstellen. Die überlebensnotwendigen Kohlehydrate müssen sie sich daher auf andere Weise besorgen. Zersetzer (Saprophyten) wie etwa der Bovist tun dies, indem sie auf abgestorbenem oder vermoderndem Pflanzenmaterial leben. Mykorrhizapilze hingegen können dies nicht tun, da ihnen die dazu notwendigen Enzyme zum Abbau der komplexen Kohlenhydrate fehlen. Sie sind daher auf die Versorgung durch Pflanzen angewiesen.

Ein Baum kann mit verschiedenen Pilzarten in Symbiose leben. Weil jede Pilzart etwas andere Eigenschaften hat, stehen einem Baum mit verschiedenen Mykorrhizapilzen je nach Jahreszeit, Witterungs- und Nährstoffbedingungen die für ihn geeignetsten Pilzpartner zur Verfügung. Von einer bestimmten **Höhe** fehlen jedoch einige Mykorrhizapilze. Dies ist einer der Gründe, warum es eine Baumgrenze gibt.

→23 «Höhenstufen»

Speisepilze

Zahlreiche Speisepilze sind Mykorrhizapilze. Kenntnisse über ihre Lebensgemeinschaft mit Bäumen geben daher Anhaltspunkte darüber, wo man sie finden kann. Die verschiedenen Steinpilz-Arten sind zum Beispiel Mykorrhizapilze von **Fichte**, Weißtanne oder Kiefer. Wer Steinpilze sammeln will, muss sie demnach unter Nadelbäumen der erwähnten Arten suchen. Die Faustregel «Wo Fliegenpilze wachsen, kommen auch Steinpilze vor» stimmt tatsächlich oft, weil beide Pilzarten die gleichen Baumpartner haben.

→ Fichte

Das Pilzwachstum wird von Feuchtigkeit begünstigt. Nach einigen Regentagen und milden Temperaturen stehen die Chancen auf Pilzfunde deshalb besser als nach längeren Trockenperioden. Seit einigen Jahren werden viele der einheimischen Pilze immer seltener. Gründe dafür sind die überhöhten Stickstoffeinträge aus Verkehr und Landwirtschaft. Diese Stoffe bringen auch das empfindliche Gleichgewicht der Pilz-Baum-Symbiose durcheinander.

Ohne Pilze keine Orchideen

Orchideen wie zum Beispiel die Weiße Waldhyazinthe *(Platanthera bifolia)* oder der Frauenschuh *(Cypripedium calceolus)*, die in lichten Wäldern verbreitet sind, bilden unzählige, mikroskopisch kleine Samen aus, die vom Wind über kilometerweite Stecken verfrachtet werden können. Doch die staubfeine Leichtigkeit hat ihren Preis: Orchideensamen enthalten kaum Nährstoffreserven und sind zur Keimung auf den Befall durch Pilze angewiesen. Mithilfe von Endomykorrhizapilzen ernähren sie sich von organischem Material im Boden. Sobald im zweiten oder dritten Entwicklungsjahr die ersten Blättchen mit Chlorophyll entstehen, wird die **Orchidee** vom pilzabhängigen Keimling zum selbstständigen Pflänzchen. Orchideenarten wie Vogelnestwurz, Dingel oder Korallenwurz, die ohne Chlorophyll keine Fotosynthese betreiben können, sind allerdings ihr Leben lang von einem Pilz abhängig und nützen ihn erst noch ohne entsprechende Gegenleistung aus. Entsprechend handelt es sich bei ihrer Lebensweise nicht mehr um eine Symbiose im eigentlichen Sinne, sondern vielmehr um eine Form des Parasitismus.

← Orchidee

In diesem Wald mit Weißtannen *(Abies alba)* und Fichten *(Picea abies)* sind Steinpilze zu erwarten.

Beobachtungstipp

› Merken Sie sich das Aussehen eines Standorts, an dem Sie einen bestimmten Pilz gefunden haben. Es spielt dabei keine Rolle, ob Sie diesen Pilz bestimmen können oder nicht. Gelingt es Ihnen, an einem anderen, aber ähnlich aussehenden Platz im Wald denselben Pilz wiederzufinden?

Fragen

› Warum brauchen Bäume Mykorrhizapilze?
› Welche Pflanzen brauchen Mykorrhizapilze, damit ihre Samen keimen können?

→190 Antworten

Ohne Pilze gibt es keine Weiße Waldhyazinthe *(Platanthera bifolia)*.

Korallenwurz *(Corallorhiza trifida)* wächst in schattigen, moosreichen Wäldern.

Pilze

Was sind Pilze überhaupt? Gehören sie noch zu den Pflanzen oder sind sie schon den Tieren zuzurechnen? Anders als bei Pflanzen bestehen die Zellwände von Pilzen nicht aus Zellulose, sondern aus Chitin wie bei den Insekten. Pilze besitzen auch kein Chlorophyll und können deshalb – im Gegensatz zu grünen Pflanzen – keinen Stoffaufbau betreiben. Pilze haben also durchaus Ähnlichkeiten mit Tieren. Sie werden heute aber als eigenständiges Reich klassiert. Weltweit sind zurzeit über 500 000 Arten bekannt. Davon leben in unseren Breiten ungefähr 5000 Arten.

Weitverzweigte Pilzgeflechte

Der Fruchtkörper ist nur ein kleiner Teil eines Pilzes. Das weitverzweigte Pilzgeflecht liegt für uns verborgen unter der Erdoberfläche. Oft bildet es mehrere Fruchtkörper aus. An einer Fundstelle kann es deshalb mehrere Pilze derselben Art geben. Weil Pilze weder Fotosynthese betreiben noch Zucker herstellen können, müssen sie sich die überlebensnotwendigen Kohlehydrate auf andere Weise besorgen. Champignon, Bovist und andere Zersetzer (Saprophyten) wachsen auf abgestorbenem oder vermoderndem Material wie Holz, Blättern usw. In der Natur spielen sie eine wichtige Rolle als Zersetzer von organischem Material. Eine andere Strategie haben die **Mykorrhizapilze**, zu denen Steinpilz, Maronenröhrling und viele andere Speisepilze gehören.

152← «Mykorrhizapilze im Wald und auf dem Teller»

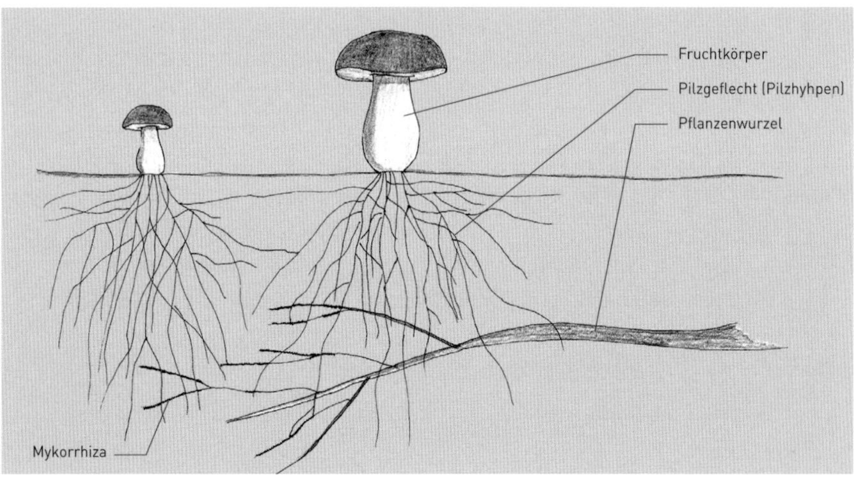

Pilzgeflecht unter der Erdoberfläche

Vermehrung durch Sporen

In den Lamellen oder Röhren, die Sie auf der Unterseite des Pilzhutes sehen können, werden Millionen von Sporen produziert. Bei Morcheln, Bovisten und weiteren Arten reifen die **Sporen** im Pilzkörper. Wenn die Sporen an einer geeigneten Stelle am Boden landen, so wächst aus ihnen ein neues Pilzgeflecht und daraus die Fruchtkörper, die wir als Pilze bezeichnen. Ein Fliegenpilz produziert in einer Stunde 40 Millionen Sporen, und die Sporen eines Riesenbovists würden alle aneinandergereiht eineinhalb Mal um die Erde reichen!

→80 «Farne»

Pilzsaison ist das ganze Jahr

Die bekanntesten unserer Speisepilze bilden ihre Fruchtkörper zwischen Juli und Oktober. Aber Pilzkenner finden auch im Winter **Speisepilze** wie Samtfußrübling, Frostschneckling und weitere Arten. Pilze sollten entweder abgeschnitten oder abgedreht, aber nicht aus dem Boden herausgerissen werden, weil dabei das Pilzgeflecht beschädigt werden kann. Alte und madige Pilze sollte man stehen lassen. Sie können noch große Mengen an Sporen abgeben und sind Nahrung für viele Tiere. Ausführliche Informationen zum Sammeln, Aufbewahren und Verwerten von Pilzen gibt es in jedem guten Pilzbestimmungsbuch. Auch im größten Sammeleifer sollten die Gewichtsbeschränkungen und die Schonfristen eingehalten werden. Sind Sie in der Bestimmung der Speisepilze nicht absolut sattelfest, so sollten Sie Ihre Ausbeute unbedingt vom Pilzkontrolleur begutachten lassen.

→ Morcheln

Der Bovist wächst als Zersetzer auf abgestorbenem Pflanzenmaterial.

Der Steinpilz gehört zu den Mykorrhizapilzen.

Oben: In den Lamellen werden Millionen von Sporen gebildet.
Unten: Fliegenpilze (giftig)

Schön, aber nicht essbar

Schwermetalllieferanten

Es mag ein Trost für erfolglose Pilzsammler sein, dass jede Pilzmahlzeit mit Schwermetallen angereichert ist. Mit ihrem großen Wurzelgeflecht filtern Pilze regelrecht den Boden und reichern sich dabei auch mit giftigen Substanzen an. In einem Pilzkörper sind deshalb nicht nur Mineralstoffe wie Magnesium und Kalzium enthalten, sondern auch Schwermetalle wie Blei oder Quecksilber. In hoher Konzentration sind diese Schwermetalle gesundheitsschädigend. Dazu kommt, dass auch 25 Jahre nach dem Reaktorunglück von Tschernobyl die Pilze noch radioaktiv belastet sind.

Hexenring

Vielleicht haben Sie auch schon einmal einen sogenannten Hexenring gesehen, in dem viele Pilze in Form eines Kreises wachsen. Diese Ringe entstehen, wenn sich das Pilzgeflecht strahlenförmig in alle Richtungen ausbreitet. Mit der Zeit hat das Pilzgeflecht in der Mitte jedoch zu wenig Nährstoffe und stirbt ab, und die Fruchtkörper werden nur noch am Rand des Geflechts gebildet. Unter Umständen wird ein solcher Kreis jedes Jahr größer. Größere Ringe haben oft Lücken und man sieht dann nur noch Pilze in Reihen oder in Bogen. Jahrhunderte alte Hexenringe können einen Durchmesser von bis zu 300 Metern erreichen!

Fragen

- Warum findet man Steinpilze nicht unter Kirschbäumen?
- Wie vermehren sich Pilze?

190← Antworten

Nicht geschlossener Hexenring

Kurzinformationen Herbst

Wildwechsel in einem steilen Waldgebiet.

Auf eigenen Wegen

Die meisten Wälder sind von einem mehr oder weniger dichten Wegnetz durchzogen. Diese Wege würden oft auch den Tieren ein schnelleres Vorwärtskommen ermöglichen, besonders in Wäldern mit dichtem Unterholz und vielen umgestürzten Bäumen. Trotzdem benutzen die **Wildtiere** ihre eigenen Wege. Sie müssen dort weniger unangenehme Überraschungen und Störungen befürchten. Zudem sind auch die Standorte, die sie aufsuchen wollen, ganz andere, als wir nutzen. Es lässt sich aber nicht vermeiden, dass sich unsere Wege zuweilen mit jenen der Wildtiere kreuzen. An diesen Stellen kann man die Wildwechsel am besten entdecken. Rehe benutzen sie beispielsweise, um vom Tageseinstand zu den Äsungsflächen zu wechseln. Rothirsche und Wildschweine nutzen auch sogenannte Fernwechsel, um weite Distanzen zu überwinden. Diese können zum Beispiel zum Wechsel zwischen Sommer- und Winterlebensraum dienen. Durch das häufige Begehen haben sich mit den Jahren sichtbare Spuren am Boden gebildet. Sie können oft auch in der offenen Landschaft entdeckt werden.

147← «Die großen Pflanzenfresser»

Beobachtungstipp

Achten Sie auf Anzeichen von Wildwechseln im Wald. Oftmals verlaufen diese rechtwinklig zu den Höhenkurven im Gelände. Vielleicht können Sie im feuchten Waldboden auch Abdrücke von Hufen oder Pfoten entdecken. Da Wildtiere nicht gestört werden sollten, sollten Sie den Wildwechseln aber nicht folgen.

Stachel oder Bohrer?

Vom Hochsommer bis in den Herbst kann man an Totholzstrukturen sehr schlanke Wespen mit langen Fühlern und einem mehr als körperlangen dünnen Hinterleibsfortsatz beobachten. Es handelt sich dabei um **Schlupfwespen**. Ihr langer Hinterleibsfortsatz ist die «Schutzhülle» für den Legebohrer (Ovipositor). Während sich die Wespen von Nektar ernähren, benötigen ihre Larven tierische Nahrung. Die Schlupfwespen können die tief im Holz lebenden Larven von verschiedenen Insektenarten wahrnehmen. Oft sind dies die Larven von **Bockkäfern**. Sie bohren dann ihren langen Legebohrer ins Holz, bis sie auf die Larve treffen. Dann wird ein Ei an oder in die Käferlarve gelegt. Nach dem Schlüpfen der Wespenlarve ernährt sich diese dann parasitisch von der Wirtslarve.

← Schlupfwespe

104→ «Kleiner Geweihträger»

Fragen

- Wieso brauchen die größeren Waldtiere ihre eigenen Wechsel, wo es doch meistens so viele von Menschen geschaffene Wege gibt?
- Wo kann man die Wildwechsel am besten entdecken?
- Was versteht man unter einem Fernwechsel?
- Müssen wir uns vor dem extrem langen «Stachel» der Schlupfwespen in Acht nehmen?

→190
Antworten

Schlupfwespe am Bohren

Winter

4
6
5
1
2
3

Einleitung Winter

Für die meisten Waldbewohner ist der Winter eine entbehrungsreiche Zeit. Um Energie zu sparen, bewegen sie sich so wenig wie möglich und suchen vor Wetter und Wind geschützte Einstände auf. Wenn Schnee liegt, hinterlassen die meist heimlich lebenden Waldtiere ihre Spuren. Dadurch wird im Winter sichtbar, was uns im Sommer meist verborgen bleibt. Aber auch andere Dinge fallen im kargen Winterwald mehr auf als im üppigen Sommer; beispielsweise die samtenen Moospolster, die knorrigen Wurzeln oder die Vogelnester in den Bäumen. Auch wenn der Winterwald gelegentlich kahl und leblos wirken mag, sind erste Vorboten der nächsten Vegetationsperiode schon vorhanden: Noch klein und fest verschlossen warten zahlreiche Knospen an Buchen, Bergahorn und anderen Bäumen auf wärmere und längere Tage, während in Knollen und Sprosswurzeln zahlreicher Waldpflanzen die Vorräte für den Austrieb bereits eingelagert sind.

Gefrorener Zuckerguss in zwei Ausführungen

Raureif

Auch wenn nirgends Schnee liegt, sind die Bäume an kalten Wintermorgen manchmal weiß und mit filigranen Eisgebilden märchenhaft verziert. Raureif entsteht in klaren, kalten Winternächten mit höchstens –8 °C und einer relativen Luftfeuchtigkeit von über 90 %. Der in der Luft enthaltene gasförmige Wasserdampf macht unter diesen Bedingungen einen Phasensprung (Resublimation) durch und geht dabei direkt vom gasförmigen in den festen Zustand (Eis) über. Je mehr Wasserdampf in der Luft liegt, desto mehr Raureif wächst an den Pflanzen. Weil Raureif nur sehr langsam wächst, können sich die Eiskristalle gleichmäßig ausbilden. Dies erklärt, weshalb die lockeren, kunstvollen Eisgebilde entstehen.

Raureif an Grauerlen

Raueis

Raueis überzieht Bäume und Sträucher noch großzügiger mit einer körnig-weißen Zuckerkruste als der Raureif. Raueis wächst immer in der dem Wind entgegengesetzten Richtung und zeigt damit die vorherrschende Windrichtung an. Raueis entsteht aus unterkühltem Nebel bei Temperaturen zwischen –2° bis –8 °C. Unterkühlter Nebel besteht aus kleinsten Wassertröpfchen, die trotz Minusgraden noch flüssig sind, weil sie sich in der Atmosphäre nicht an Gefrierkeime lagern und deshalb keine Eiskristalle ausbilden konnten. Wenn sich diese Wassertröpfchen auf Steinen oder Pflanzen absetzen, gefrieren sie jedoch sofort. Dabei entsteht das Raueis. Weil im unterkühlten Nebel viel Wassertröpfchen zur Verfügung stehen, wächst

Raueis an Gräsern

Raueis schneller als Raureif. Dadurch kommt es auch zu Lufteinschlüssen, weshalb Raueis körnig-weiß aussieht und nicht so filigran wie der Raureif. Besonders mächtige Raueisschichten entstehen an exponierten Stellen wie Hügelkuppen oder Bergrücken, an denen der Wind während längerer Zeit unterkühlten Nebel anweht. Diese weißen Schichten sind schwerer, als sie aussehen, und können Äste oder ganze Bäume knicken.

Fragen

- Warum entsteht Raureif nicht in jeder kalten Nacht?
- Aus welcher Richtung wehte der Wind auf diesem Bild?

191← Antworten

Ein Heer von Winzlingen auf Wanderschaft

Auch wenn sie im Winter millionenfach auf Wanderschaft gehen, nimmt man die nur ca. einen Millimeter kleinen Schneeflöhe kaum wahr. Ein flüchtiger Betrachter bemerkt allenfalls «verschmutzten» Schnee oder riecht einen terpentinähnlichen Geruch. Die Schneeflöhe gehören zu den Springschwänzen *(Collembola)* und sind sechsbeinige, kleine Bodentiere. Während sie früher den Insekten zugeordnet wurden, werden sie heute als Schwestergruppe separat von den Insekten aufgeführt. Die meisten Springschwanz-Arten besitzen eine sogenannte Sprunggabel. Normalerweise ist diese unter dem Abdomen (Hinterleib) der Tiere eingeklappt und daher nicht sichtbar. Wenn sie sich bedroht fühlen, so klappen sie die Springgabel aus und machen dabei einen ungerichteten Sprung, der sie in Sicherheit bringen soll. Bei der Art *Ceratophysella sigillata* ist dieses Hüpfen mit der Sprunggabel sogar die übliche Fortbewegungsweise während den Wanderungen.

Unter dem Begriff «Schneeflöhe» werden mehrere Springschwanz-Arten zusammengefasst, die alle in feuchten Wäldern – meist Nadelwäldern – leben. Sie besitzen eine dunkle Körperfärbung und die Eigenschaft, zuweilen in großer Zahl zu wandern. Wahrscheinlich erfolgen die Wanderungen mit dem Ziel, neue **Lebensräume** und

→16 «Lebensraum Wald»

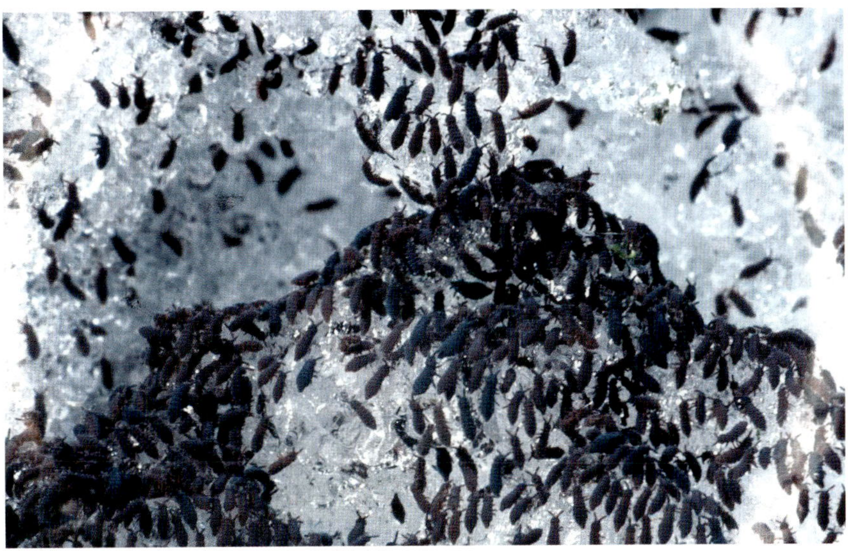

Schneeflöhe *(Ceratohysella sigillata)*

neue Nahrungsquellen zu finden. Es lassen sich dann oft mehrere Meter lange Bänder aus unzähligen Schneeflöhen beobachten. Diese sind natürlich besonders gut zu sehen, wenn Schnee auf dem Waldboden liegt. Stoßen diese Bänder auf Hindernisse oder Vertiefungen, so können sie auch mehrere Zentimeter dicke Schichten bilden. Schneeflöhe wandern bei Temperaturen ab ca. –3 °C. Wird es kälter, so suchen sie Schutz unter dem Schnee oder im Boden. Ab ca. –7 °C fallen sie in eine Kältestarre. Durch die Bildung von Frostschutzsubstanzen sind die Schneeflöhe gut vor dem Einfrieren geschützt: Gewisse Arten können sogar Temperaturen von weit unter –10 °C tolerieren!

Im Sommerhalbjahr leben die Schneeflöhe (wie auch die anderen Springschwanz-Arten) in der Streuschicht oder in der obersten **Bodenschicht**. Ihre bevorzugte Nahrung besteht aus Algen.

20← Der Waldboden

Beobachtungstipp

Halten Sie auf allen Ihren Winterspaziergängen im Wald nach wandernden Schneeflöhen Ausschau. Falls Sie alleine unterwegs oder ganz still sind, so können Sie mitunter sogar das feine Rascheln hören, welches die unzähligen Tiere verursachen. Bei der Suche nach Schneeflöhen können Sie sich aber auch auf Ihre Nase verlassen: Riecht es im Wald nach Terpentin, so können die Tiere nicht weit sein. Der Geruch stammt von Schneeflöhen, die zertreten worden sind.

Fragen

- Leben Schneeflöhe nur im Winter?
- Wieso werden die wandernden Springschwänze als Schneeflöhe bezeichnet?

191← Antworten

Spuren im Wald

Wenn es richtig kalt ist, so ist der Wald zuweilen sehr ruhig und wirkt, als ob er ausgestorben sei. Dem ist natürlich nicht so: Da die **winteraktiven Tiere** aber haushälterisch mit ihren Energiereserven umgehen müssen, sind sie nur wenig unterwegs. Entsprechend hört und sieht man sie selten. Jedes Lebewesen hinterlässt aber Spuren. Wer die oft schwachen und undeutlichen Spuren erkennt und richtig interpretiert, kann einiges über das Leben im Wald erfahren.

→ Reh, Hirsch

Fußspuren und Fährten

Macht man sich im Winter bei einer geschlossenen Schneedecke auf Spurensuche, wird man zuerst auf Fußabdrücke von Tieren achten. Wenn der Schnee nicht zu hoch liegt, lassen sich oft schöne Abdrücke erkennen. Mit etwas Erfahrung kann man einige dieser Spuren einer Tierart oder zumindest einer Tiergruppe zuordnen

→147 «Die großen Pflanzenfresser»

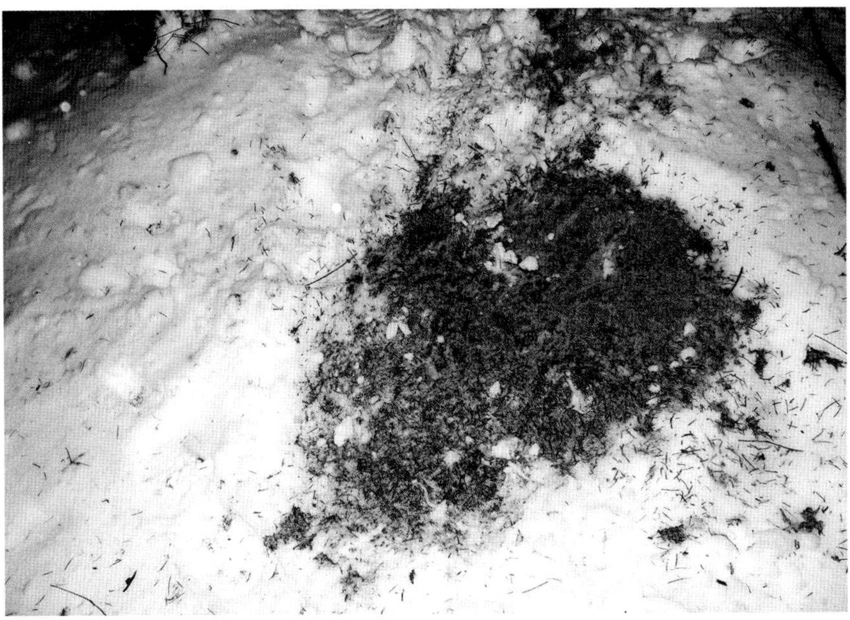

Liegt Schnee, so lassen sich die Spuren zahlreicher Waldbewohner leicht finden. Hier der Ruheplatz eines Rehs.

Fraßspuren

Obwohl die Vielfalt an Fraßspuren im Wald groß ist, fallen sie oft nicht auf. Leicht zu entdecken sind aber die angefressenen Blätter und Früchte an Büschen und Bäumen. Zuweilen findet man aber auch Beutereste oder aufgebrochene und beschädigte Nester von **staatenbildenden Insekten**.

87← «Waldameisen»

Losung, Harn und Gewölle

Säugetiere und einige Vogelarten (z. B. Raufußhühner) hinterlassen ganz charakteristische Exkremente (Losung). Für die Zuordnung sind Größe, Form, und Zusammensetzung zu beurteilen. Aber auch die Lage der Exkremente kann Hinweise geben. Beim **Fuchs** dienen sie zum Beispiel zur Reviermarkierung, weshalb sie gerne an erhöhten Stellen angebracht werden.

← ← Fuchs

Bauten und Verstecke

Viele Tiere leben zumindest zeitweise in einem Erdbau, in einer Baumhöhle oder in einem selbst gebauten Nest. Im Winter, wenn das Laub die Sicht nicht beeinträchtigt, sind sie leicht zu finden. Am besten gelingt dies natürlich bei den Vogelnester des vergangenen Sommers.

Beobachtungstipp

Wecken Sie den Detektiv in sich und versuchen Sie möglichst viele Tierspuren zu finden. Verwenden Sie dazu ein gutes Tierspurenbuch und vergleichen Sie ihre Entdeckungen mit den Abbildungen und Beschreibungen. Sie werden wahrscheinlich bald feststellen, dass «Ihre» Spuren selten eindeutig sind. Das liegt meist daran, dass die beobachteten Fußspuren schon alt sind, oder halb zugeschneit oder sonst wie «erodiert». Mit etwas Übung ist es aber meistens trotzdem möglich, die Tierspuren korrekt zu bestimmen.

Fuchslosung

Mistel – Mitesser auf Bäumen

Schon von Weitem erkennt man die kugeligen Gebilde der Misteln in den Bäumen. Diese gelblichgrünen Sträucher können über 50 Jahre alt werden. Sie verlieren ihre ledrigen Blätter auch im Winter nicht. Die Mistel führt ein Leben als Halbschmarotzerin. Da sie in den grünlichen Stängeln und Blättern Blattgrün (Chlorophyll) besitzt, kann sie zwar Fotosynthese betreiben und einen Teil ihrer zum Leben notwendigen Energie selber aufnehmen. Die lebensnotwendigen Nährstoffe und das Wasser nimmt sie hingegen über ihre Wurzeln den Wirtspflanzen ab. Trotz diesen Mitessern (oder

Die Misteln sind von Weitem in den Baumkronen erkennbar. Gut sichtbar sind die weißen Früchte.

eher «Mittrinkern») sterben die von Misteln bewachsenen Bäume normalerweise nicht ab. Das wäre auch nicht im Interesse der Misteln, da sie dadurch ihre eigene Lebensgrundlage zerstören würden. Man unterscheidet zwischen der Laubholz-Mistel, die auf Pappel, Birke, Weide und Apfelbaum wächst, der Tannen-Mistel (auf Weißtanne) und der Föhren-Mistel (auf Wald-Föhre und **Fichte**).

← Fichte

Oben: Neben dieser jungen Mistel kleben noch Mistelsamen am Zweig.
Unten: Föhrenmistel

Vogelfutter, Medizin und Weihnachtsdekoration

Die Mistel blüht je nach Standort zwischen März und Mai. Ihre weißen Beeren sind im November und Dezember reif. Sie haben ein klebrig-schleimiges Fruchtfleisch und werden von Vögeln gerne gefressen. Wie ihr Name nahelegt, werden die Beeren besonders von der Misteldrossel *(Turdus visciuorus)* geschätzt. Um den Schnabel von den klebrigen Beerenresten zu säubern, streifen ihn die Vögel an Baumzweigen ab, wodurch die Mistelsamen verbreitet werden. Sobald die Samen keimen, treiben die Keimlinge Wurzeln ins Holz und dringen zu den Leitbahnen des Wirtsbaums.

Die Mistel ist zweihäusig. Dies bedeutet, dass es Mistelkugeln gibt, die nur weibliche, und andere, die nur männliche Blüten tragen. Die unscheinbaren gelblichen Blüten werden von Fliegen besucht, die den Pollen der männlichen Blüten zu den etwas kleineren und unscheinbareren weiblichen transportieren und damit die Bestäubung durchführen.

Seit dem Altertum wird die Mistel in der Medizin verwendet. Heute ist die hilfreiche Wirkung von Mistelextrakten bei Blutdruckproblemen und rheumatischen Erkrankungen auch wissenschaftlich erwiesen. Auch in der Krebstherapie werden Mistelpräparate eingesetzt.

Um die Mistel ranken sich viele Mythen und Legenden. In der antiken und germanischen Mythologie war sie ein wichtiges Symbol und galt als Zauberpflanze, die Gefahren abwenden und Glück bringen konnte. In England und anderen Englisch sprechenden Ländern ist die Mistel noch heute ein wichtiger Teil in der Weihnachtstradition.

An den Zweigenden sitzen einander immer zwei Blätter gegenüber. Diese **Blätter** fallen jedes Jahr ab, wenn eine neue Verzweigung gebildet wird. Um das Alter eines Mistelzweigs herauszufinden, brauchen Sie daher nur die Anzahl Verzweigungsstellen zu zählen.

→124 «Wegwerfprodukte der Natur»

Frage

› Was geschieht mit den Mistelblättern im Winter?

→191 Antwort

Verpackter Frühling

Schon im tiefsten Winter kann man Anzeichen für den nächsten Frühling finden: Viele Bäume und Sträucher haben bereits Blatt- und Blütenknospen, doch sind diese zum Schutz vor der Kälte noch von mehrlagigen Knospenhüllen umgeben, die oft auch behaart sind. Die Knospenhüllen schützen vor mechanischen Verletzungen und verhindern, dass kleinste Feuchtigkeitsmengen aus dem Innern verdunsten und das junge Blatt- oder Blütengewebe vertrocknen könnte. Gleichzeitig verhindern Knospenhüllen aber auch, dass Regen- oder Schmelzwasser in die Knospe eindringen kann. Bei einem erneuten Temperaturabfall würde dieses Wasser gefrieren und sich dabei ausdehnen, weil Eis mehr Platz braucht als Wasser. Auch dadurch würde die Knospe zerstört werden.

Auch für Ausfälle ist vorgesorgt

Meist ist die Endknospe an einem Zweig deutlich größer als die Seitenknospen. Der Grund dafür ist, dass die Ausbildung der Letzteren zugunsten der Ersten gebremst werden. Wird aber eine Endknospe von einem Tier gefressen oder sonst wie geschädigt, so entwickelt sich eine der Seitenknospen zur neuen Endknospe.

Die Endknospen sind deutlich größer als die Seitenknospen.

Vielfältiges Verpackungsmaterial

Knospen sind sehr vielfältig was Farbe, Form, Behaarung, Anordnung der Schuppen usw. betrifft. Geübte Botaniker können daher eine Baum- oder Strauchart auch alleine aufgrund der Betrachtung der Knospen bestimmen.

Beobachtungstipp

Schauen Sie sich die Knospen und ihre vielfältigen Formen an verschiedenen Bäumen an. Wenn Sie eine davon auspacken oder aufschneiden, so können Sie schon mitten im Winter das neue Grün sehen. Sie sollten dies allerdings nur einmal tun, weil der Baum mit jeder abgerissenen Knospe ein Blatt verliert.

Frage

› Welche Funktionen haben Knospenhüllen?

→191
Antwort

Knospen einer Fichte
(Picea abies)

Kurzinformationen Winter

Die Memoiren eines Baumes

27← «Grenzen für den Wald»

Mit seinen Jahrringen hinterlässt jeder Baum Aufzeichnungen, die uns Informationen über sein Leben und die lokalen **Umweltbedingungen** liefern. Sie entstehen durch die verschiedenen Wachstumsphasen während einer Vegetationsperiode. In der Wachstumsphase nach der Winterruhe werden die großen, dünnwandigen Zellen gebildet. Diese erscheinen heller und grobporiger als die später entstehenden, dickwandigen und kleineren Zellen. In diesen werden das zum Wachstum und Leben benötigte Wasser sowie gelöste mineralische Salze in alle Verzweigungen des Baumes transportiert. Oft sind diese Jahrringe nicht jedes Jahr gleich breit. Fachleute können aus diesen Jahrringmustern erstaunlich viele Informationen herauslesen (Dendrochronologie).

Beobachtungstipp

Am besten lassen sich die Jahrringe bei frisch gefällten Bäumen untersuchen. Sind die Baumstrünke schon länger der Witterung und der Zersetzung ausgesetzt, lassen sich die Details oft nur noch schwer erkennen.

Wintergoldhähnchen

← Wintergoldhähnchen

Wenn die lauten und größeren Sänger unter den Vögeln verstummt sind, können Sie im Winterwald bei Nadelbäumen den feinen, zirpenden Gesang des Wintergoldhähnchens *(Regulus regulus)* hören. Diese kleinen Vögel suchen meist in kleinen Trupps halb turnend, halb fliegend, die äußersten Zweigen nach Insekten und Spinnen ab.

38← «Vögel des Waldes»

Mit einer Länge von etwa 9 cm ist das **Wintergoldhähnchen** der kleinste Vogel Europas. Sein Körpergewicht von 4 bis 8 Gramm schwankt zwischen dem Gewicht von einem bis zwei Zuckertütchen. Um seinen hohen Energiebedarf zu decken, muss das Wintergoldhähnchen täglich 4 bis 8 Gramm Nahrung zu sich nehmen. Das ist gleich viel, wie das Tier selbst wiegt!

Wintergoldhähnchen sind Teilzieher: Die Tiere aus Skandinavien fliegen im Herbst bis zu 1000 km südwärts, während die Wintergoldhähnchen Mitteleuropas meist an Ort bleiben.

Oben: Jahrringe
Unten: Wintergoldhähnchen *(Regulus regulus)*

Anhang

Fragen und Antworten

Einleitung

Was würde mit den Wäldern geschehen, wenn sie von den Menschen nicht mehr bewirtschaftet würden?

Wenn die Nutzung und Bewirtschaftung der Landschaft aufgegeben wird, so setzt an den meisten Stellen sofort die Verbuschung ein. Demzufolge würde es vermutlich nur einige Jahrzehnte dauern, bis die Waldfläche in Europa wieder sehr viel größer wäre.

Gibt es Unterschiede in der Abbaugeschwindigkeit von Eschenlaub und Buchenlaub?

Ja, die gibt es: Eschenlaub wird relativ schnell abgebaut, während das Buchenlaub noch lange liegen bleibt. Der Grund hierfür ist, dass Buchenlaub einen wesentlich höheren Gerbsäureanteil aufweist. Buchenlaub wird deshalb von Streubewohnern (wie z. B. den Asseln) auch nicht gerne gefressen.

Was muss mit den abgestorbenen Pflanzenteilen und toten Tieren geschehen, damit sie wieder als Pflanzennährstoffe dienen können?

Da komplexe organische Verbindungen von den Pflanzen nicht aufgenommen werden können, müssen sie zunächst durch Mikroorganismen vollständig abgebaut und in einfachere Substanzen umgewandelt werden.

In welchen Bodenschichten finden Sie die meisten Bodenlebewesen?

Im Oberboden und in der Streuschicht.

Was ist der Unterschied zwischen dem Unterboden und dem Untergrund?

Der Unterboden besteht aus verwittertem Ausgangsgestein und ist teilweise noch belebt. Der Untergrund besteht aus unverwittertem Ausgangsgestein und ist praktisch unbelebt.

Warum ist die Waldgrenze auf der Sonnenseite im Allgemeinen höher als auf der Schattenseite eines Tals?

Die Sonnenseite erhält mehr Sonneneinstrahlung als die Schattenseite und ist daher wärmer.

Welchen Vorteil hat die Lärche gegenüber Fichte und Arve?

Für die Lärche *(Larix decidua)* reicht eine kurze Vegetationszeit, um ihre Nadeln jährlich zu erneuern.

Frühling

Wann sollte man unterwegs sein, um am ehesten eine Waldschnepfe beobachten zu können?
Ab März kann man die Männchen in ihrem Verbreitungsgebiet fast jeden Tag in der Dämmerung beobachten (Balzflug).

Wodurch lassen sich die äußerlich sehr ähnlichen Vogelarten Fitis und Zilpzalp unterscheiden?
Anhand ihres Gesanges.

Welches ist der kleinste einheimische Vogel?
Das Wintergoldhähnchen *(Regulus regulus)*. Es wiegt nur zwischen vier und acht Gramm.

Wie erkennt man, ob ein Weibchen oder ein Männchen singt?
Weibchen singen nicht, sie äußern sich nur mit Rufen.

Wann singen Vögel am intensivsten?
In der Morgen- und Abenddämmerung zur Balzzeit im Frühling.

Warum blühen nicht alle Waldbodenpflanzen dann, wenn die Bäume noch kahl sind und viel Licht auf den Waldboden fällt?
Weil ein früher Blühzeitpunkt nur jenen Pflanzen möglich ist, die mit unterirdischen Speicherorganen schon im Frühling über die nötigen Ressourcen für die Blüte verfügen.

Wieso hat es in Wäldern mit einem geschlossenen Kronendach meistens nur wenige Schmetterlinge und Bienen?
Unter einem geschlossenen Kronendach ist der Waldboden völlig oder stark beschattet. Entsprechend hat es keine oder nur wenige blühende Pflanzen, die von Schmetterlingen und Bienen aufgesucht werden können.

Welche Anpassungen an das Leben im Schatten besitzt der Sauerklee?
Er kann seine Teilblätter zusammenklappen, um sich so vor Überbelichtung und vor zu großem Wasserverlust zu schützen.

Was geschieht mit den Niederschlägen, die auf einen Wald fallen?
Die Niederschläge gelangen nur teilweise und verzögert auf den Waldboden. Schwache Niederschläge sind in einem dichten Wald zuweilen gar nicht wahrnehmbar. Ein Teil der Niederschläge bleibt auf dem Weg zum Boden immer im Laubwerk und in den rauen Baumrinden hängen und verdunstet von da auch wieder (Interzeption).

Wieso kann die Waldeidechse auch in grundsätzlich eher kühlen und feuchten Lebensräumen leben?

Weil Waldeidechsen *(Zootoca vivipara)* lebendgebärend sind. Sie brauchen aus diesem Grunde (und im Gegensatz zu anderen Eidechsenarten) für die Fortpflanzung keine warmen und trockenen Eiablageplätze.

Woran können Sie bei einer Waldgrille erkennen, ob es sich dabei um ein männliches oder ein weibliches Exemplar handelt?

Bei ausgewachsenen weiblichen Waldgrillen *(Nemobius sylvestris)* entspricht die Flügellänge ungefähr der Länge des Halsschildes; beim ausgewachsenen Männchen hingegen sind die Flügel fast doppelt so lang.

Wie kommt das Zirpen der Waldgrillen zustande?

Das Zirpen kommt dadurch zustande, dass die Flügel gegeneinander gerieben, und dabei die Schrillkante des einen Flügels über die Schrillleiste des anderen gezogen wird.

Mit welchen vorbeugenden Maßnahmen kann man Zeckenbisse verhindern?

Wichtig sind geschlossene Kleidung, über die Hosenbeine gezogenen Socken und Insektenschutzmittel. Nach einem Waldspaziergang sollte man zudem seinen Körper sorgfältig auf Zecken absuchen.

Wie viel Zeit verbringt ein Vierpunktkäfer während seiner Entwicklung in einem Waldameisenbau?

Etwa zwei Jahre.

Was entsteht aus dem Honigtau und den Fermenten der Bienen?

Es entsteht Waldhonig.

An welchen Pflanzenteilen saugen Insekten, die sich von Pflanzensäften ernähren?

An Blättern, Nadeln, Ästen oder Stämmen.

Wieso sieht man im Frühling auf vielen Waldstraßen unzählige Amphibien?

Im Frühling wandern die Amphibien von ihren Überwinterungsverstecken im Wald zu ihren Laichgewässern. Da diese Wanderung zeitlich sehr konzentriert erfolgt, sind meist sehr viele Amphibien zur selben Zeit unterwegs.

Sommer

Womit vermehren sich Farne?
Mit Sporen.

In welchem Erdzeitalter wuchsen Urwälder mit baumhohen Farnen?
Im Karbon.

Warum verwenden Waldameisen keine Blätter zum Bau ihres Haufens?
Waldameisen verwenden keine Blätter, da diese schnell zerfallen oder schimmeln. Weil Nadeln resistenter sind, eignen sie sich für den Bau eines Ameisenhaufens wesentlich besser.

Wie verständigen sich Ameisen?
Mit ihren Fühlern und mit Duftstoffen.

Was fressen Waldameisen am meisten?
Honigtau (62 %) und Insektenlarven (33 %). Letztere sind Futter für die Ameisenlarven.

Welches sind die charakteristischen Merkmale von Spinnen?
Ihre acht Beine (je vier Beinpaare), der zweiteilige Körper, die Cheliceren und die Spinndrüsen.

Weshalb besitzen auch frei jagende Spinnen Spinndrüsen?
Einerseits sind sie fast immer durch einen Faden gesichert, andererseits brauchen sie die Spinndrüsen auch zur Herstellung des Kokons mit den Eiern.

Wie sieht die Brutpflege bei den Wolfspinnen aus?
Die Wolfspinnen tragen den Kokon mit den Eiern immer mit sich herum. Auch nach dem Schlüpfen der Jungspinnen werden diese noch eine gewisse Zeit herumgetragen.

Was versteht man unter «holometabolen Insekten»?
Holometabole Insekten sind solche, die eine vollständige Metamorphose vom Ei, über ein Larven- und Puppenstadium bis hin zum ausgewachsenen Insekt durchmachen. Dabei sehen die Larven üblicherweise ganz anders aus als die fertig entwickelten Insekten.

Woran lassen sich Käfer von anderen, teilweise ähnlich aussehenden Insekten unterscheiden?
Im Gegensatz zu den meisten anderen Insekten besitzen Käfer stark chitinisierte Vorderflügel, die meistens den ganzen Hinterleib bedecken. Bei gewissen Arten sind sie aber auch verkürzt (Kurzflügler). Weiter ist bei den Käfern die Abgrenzung zwischen Brustteil und dem Hinterleib meistens nicht so einfach zu sehen wie bei den übrigen Insektenfamilien.

Wo befinden sich die Augen am Kopf jener Tierarten, die auf ein gutes räumliches Sehen angewiesen sind? Und weshalb sind sie dort?
Tierarten, die auf ein gutes räumliches Sehen angewiesen sind, haben ihre Augen stets vorne am Kopf. Der Grund dafür ist, dass nur so das stark überlappende Sehfeld entstehen kann, welches für das räumliche Sehen benötigt wird.

Weshalb können sich Fledermäuse auch bei Dunkelheit gut orientieren?
Weil ihre Ultraschalllaute nicht nur zur Lokalisierung der Beute dienen, sondern auch räumliche Hindernissen reflektieren. Fledermäuse können dadurch Hindernisse wie mit einem Echolot orten.

Welche Tiere gehören zum Beutespektrum der verschiedenen Eulenarten?
Mäuse, Kleinsäuger, Vögel, Insekten, Fische und Würmer.

Weshalb können die Mäuse trotz ihrem guten Gehör die anfliegenden Eulen meistens nicht hören?
Weil die Eulenfedern Federkämme besitzen, die die Fluggeräusche sehr stark vermindern.

Was machen die Eulen mit den unverdaubaren Beuteresten?
Sie würgen diese wieder aus. Bestandteile dieser «Gewölle» können Haare, Knochen, Zähne, Klauen und Federn sein.

Warum sind viele Früchte und Beeren rot?
Rot ist jene Farbe, die Vögel und Säugetiere am besten von Grün unterscheiden können. Da viele Pflanzen für ihre Fortpflanzung darauf angewiesen sind, dass ihre Beeren von Vögeln u. a. gefressen werden, habe sie ein «Interesse» daran, diese auf ihre Beeren aufmerksam zu machen.

Wer verbreitet die Samen des Veilchens?
Von den Waldameisen.

Warum sind die Früchte vieler Pflanzenarten größer, als dies nötig zu sein scheint?
Damit sie Tieren auffallen, welche die Samen fressen und verbreiten.

Welche Pflanzenpollen verursachen keine allergischen Reaktionen?
Pollen von Nadelbäumen.

Woran erkennt ein Hirsch die Kampfkraft eines möglichen Gegners?
An der Größe seines Geweihs, seiner Körpergröße und seines Verhaltens.

Wieso nennt man die kleinen Schmetterlinge, deren Larven auffällige braune Fraßspuren auf den Blättern der Wirtspflanze hinterlassen, Miniermotten?
Weil deren flache Raupen die Zellen im Blattinnern fressen und dadurch die charakteristischen braunen Fraßspuren (= Minen) hinterlassen.

Gehören alle Jungvögel zum Typ Nesthocker?
Nein, es gibt auch Vögel, bei denen die Jungen schnell der Mutter folgen. Dazu gehören z. B. die Hühnervögel und Entenvögel.

Wieso sollten Gartenabfälle und Grünabfälle generell nicht im Wald deponiert werden?
Weil mit den Grünabfällen immer wieder auch Samen oder Pflanzenstücke von problematischen nicht einheimischen Pflanzenarten (invasiven Neophyten) in den einheimischen Wald gelangen. Da diese sich mitunter ausbreiten können, ist eine Schädigung der einheimische Flora und Fauna möglich. Einmal eingeschleppte Neophyten können nur noch schwer und mit sehr großem Aufwand wieder ausgerottet werden.

Herbst

Warum ist es für Bäume von Vorteil, im Winter keine Blätter zu haben?
Weil sie ohne Blätter besser vor Verdunstung, Wasserverlust und Frosttrocknisschäden geschützt sind.

Bei welchen Bäumen fallen die Blätter grün zu Boden?
Bei Erle, Esche und Holunder.

Warum verfärben sich die Bäume nicht jeden Herbst gleich intensiv?
Weil die Witterung nicht immer gleich ist und die Dauer und Intensivität der Herbstverfärbung davon abhängt.

Aus welchen Baumgallen kann Tinte hergestellt werden?
Aus den Gallen der Eichenarten.

Auf welchem Baum findet man sogenannte Ananasgallen?
Auf der Fichte.

Woran kann man Rehböcke und Rehgeißen unterscheiden, wenn die Böcke kein Geweih tragen?
Man kann sie unterscheiden, da beim Bock der Spiegel aus weißen Haaren am Hinterteil nierenförmig, bei der Geiß hingegen eher herzförmig ist.

Wieso dauert die Tragzeit bei den Rehen länger als bei uns Menschen?
Weil nach der Paarung im Juli eine längere Zeit der Keimruhe folgt. Diese ist wichtig, da ohne sie die Jungtiere mitten im Winter geboren würden.

Hat die charakteristische weiße Fleckung der jungen Rehkitze und Hirschkälber eine besondere Funktion?

Ja, sie dient der Tarnung. Der Körper der Jungtiere scheint sich dank ihr optisch vor dem Hintergrund/Untergrund aufzulösen.

Warum brauchen Bäume Mykorrhizapilze?

Das weitverzweigte Geflecht der Mykorrhizapilze kann viel mehr Wasser und Mineralstoffe aufnehmen, als dies Baumwurzeln alleine möglich ist. Außerdem schützt das Pilzgeflecht die Wurzeln vor Krankheitserregern. Beides trägt dazu bei, dass Bäume Stresssituationen wie Trockenheit oder Hitze besser ertragen können.

Welche Pflanzen brauchen Mykorrhizapilze, damit ihre Samen keimen können?

Die Orchideen.

Warum findet man Steinpilze nicht unter Kirschbäumen?

Weil die verschiedenen Steinpilz-Arten Mykorrhizapilze von Fichte, Weißtanne oder Kiefer sind, nicht aber vom Kirschbaum.

Wie vermehren sich Pilze?

Mit Sporen.

Wieso brauchen die größeren Waldtiere ihre eigenen Wechsel, wo es doch meistens so viele von Menschen geschaffene Wege gibt?

Wildtiere versuchen den Kontakt mit uns Menschen möglichst zu vermeiden. Zudem suchen sie stets direkte Verbindungen zwischen den von ihnen genutzten Standorten (z. B. zwischen Ruheplätzen und Äsungsplätzen).

Wo kann man die Wildwechsel am besten entdecken?

Wildwechsel kreuzen immer wieder Waldwege und sind an diesen Stellen oft gut zu erkennen. Besonders häufig gelingt dies bei Waldwegen, die parallel zu einem relativ steilen Hang verlaufen.

Was versteht man unter einem Fernwechsel?

Unter einem Fernwechsel versteht man Wanderrouten von Wildtieren, die über weite Distanzen führen. Sie verbinden zum Beispiel ihre Sommer- und Winterlebensräume.

Müssen wir uns vor dem extrem langen «Stachel» der Schlupfwespen in Acht nehmen?

Nein, da es sich dabei nicht um einen Verteidigungsstachel, sondern um einen Legebohrer zum parasitieren von holzbewohnenden Insektenlarven handelt.

Winter

Warum entsteht Raureif nicht in jeder kalten Nacht?
Weil die dazu notwendige Luftfeuchtigkeit nicht immer erreicht ist.

Aus welcher Richtung wehte der Wind auf diesem Bild?
Aus jener Richtung, an der der Schnee an den Stämmen klebt.

Leben Schneeflöhe nur im Winter?
Nein, aber im Sommer leben sie in der Streuschicht und treten nicht massenhaft auf. Daher sind sie zu dieser Jahreszeit auch kaum zu beobachten.

Wieso werden die wandernden Springschwänze als Schneeflöhe bezeichnet?
Weil sie durch das Ausklappen ihrer Sprunggabel am Hinterleib einen ungerichteten Sprung ausführen können.

Was geschieht mit den Mistelblättern im Winter?
Sie fallen nicht ab, sind also «immergrün».

Welche Funktionen haben Knospenhüllen?
Sie schützen vor mechanischen Verletzungen, Verdunstung und vor dem Eindringen von Regen- oder Schmelzwasser.

Sachregister

V

W

Z

Dank

Andreas Jaun und Sabine Joss danken allen Beteiligten, die in irgendeiner Form bei der Erarbeitung dieses Buches mitgewirkt haben.
Andreas Jaun dankt insbesondere Katrin Bieri, Paul Ingold, Willi Joss, Thomas Leu, Christian Willisch, Hans-Peter Wymann und Jürg Zettel. Ein ganz herzlicher Dank geht auch an seine Frau und seine Kinder, ohne deren Unterstützung und Verständnis dieses Buch wohl nicht zu Stande gekommen wäre.
Sabine Joss dankt Brigitte Wolf, Andreas Gygax, Fredy Joss und Guido Bieri für die Fotos, die das Buch bereichern.

Bildnachweis

Aeschlimann, Ruedi: Umschlag: Vorderseite oben
Bala, R./Blickwinkel: S. 15
Bieri, Guido: S. 157 (beide), 158 oben
Bulicz, Bartłomej/Wikicommons: S. 67
Descouens, Didier/Wikicommons: S. 64
Gygax, Andreas: Umschlag: Rückseite oben rechts, S. 41, 43, 44 (beide), 49, 50, 68, 120, 181 unten
Hartl, A./Blickwinkel: S. 129, 155 links
Jaun, Andreas: Umschlag: Vorderseite unten, Rückseite unten, S. 9, 12–13, 14, 16, 17, 18, 19 (beide), 20, 21 (beide), 25 unten, 28–29, 34–35, 36, 40, 42, 52, 53, 55 (beide), 56, 59, 60, 71 oben, 72 (beide), 73, 76–77, 78, 91, 99, 100 (beide), 101 (beide), 102, 104, 107, 108, 109, 110, 114, 117, 123, 128, 132–133, 134, 138 unten, 139, 143, 145, 147, 161, 163, 173, 174, 181 oben, 182–183
Joss, Fredy: S. 26, 30, 31 links, 32, 54 (alle), 81, 82 Mitte und unten, 85 unten, 88, 93 links, 124, 125, 137 unten, 141, 144, 155 rechts, 159 unten (beide), 169, 170
Joss, Sabine: Umschlag: Rückseite oben Mitte, S. 25 oben, 31 rechts, 33 oben, 51, 74, 80 (beide), 82 oben, 83, 85 oben und Mitte, 92, 93 rechts, 119 (beide), 121, 122 (beide), 127, 137 oben, 140, 154, 158 unten, 159 oben (beide), 164–165, 166, 168, 175, 176 (beide), 178, 179
König, R./Blickwinkel: S. 130
Mahlke, D./Blickwinkel: S. 111
Mains, Walter: Umschlag: Rückseite oben links
Meyers, S./Blickwinkel: S. 113, 150
Moning, Christoph: S. 39, 46, 48
Tlust'a/Wikicommons: S. 131
Wolf, Brigitte: S. 33 unten, 71 unten, 87, 90
Wymann, Hans-Peter: S. 62 (alle)
Zell, H./Wikicommons: S. 138 (oben)
Zettel, Jürg: S. 171